U0303295

国家自然科学基金项目"新疆艾比湖流域潜在土地利用冲突动态演变及建模研究"（41761113）结项成果

新疆师范大学国家级一流本科专业——地理学建设成果

新疆维吾尔自治区"干旱区湖泊环境与资源"重点实验室建设成果

艾比湖流域精河绿洲
土地利用过程与环境效应研究

AIBI HU LIUYU JINGHE LÜZHOU

TUDI LIYONG GUOCHENG YU HUANJING XIAOYING YANJIU

毋兆鹏　焦　黎◇著

华中科技大学出版社
http://www.hustp.com
中国·武汉

内 容 提 要

我国耕地资源短缺,未来工业化、城市化进程中必然要对占我国后备耕地总量约 70% 的生态脆弱区后备耕地进行适度开发。而干旱区社会化进程必然伴随绿洲开发,但绿洲环境的脆弱性制约着当地内部各相关子系统的发展。在此过程中,社会、生态矛盾也就集中、典型和敏感地表现为土地利用及其与环境的冲突。但当前国内相关的实践应用研究相对不足,因为研究者受制于有限的社会经济统计数据,难以实现对土地利用空间化、定量化的分析及预测。本书选取新疆艾比湖流域精河县作为典型靶区,分别从研究区土地利用空间格局、显在土地利用冲突、潜在土地利用冲突及土地利用环境效应四个方面开展研究,旨在探索、诊断干旱区绿洲化过程中土地科学利用新方法,丰富和完善国内相关研究,为干旱区乃至全国提供土地利用可持续发展的技术支持和典型科学参考。

图书在版编目(CIP)数据

艾比湖流域精河绿洲土地利用过程与环境效应研究/毋兆鹏,焦黎著. —武汉:华中科技大学出版社,2022.4

ISBN 978-7-5680-7794-1

Ⅰ. ①艾… Ⅱ. ①毋… ②焦… Ⅲ. ①绿洲-土地利用-研究-精河县 ②绿洲-生态环境-环境效应-研究-精河县 Ⅳ. ①S159.245.4 ②X321.245.4

中国版本图书馆 CIP 数据核字(2022)第 052675 号

艾比湖流域精河绿洲土地利用过程与环境效应研究　　　　　毋兆鹏　焦　黎　著

Aibi Hu Liuyu Jinghe Lüzhou Tudi Liyong Guocheng
yu Huanjing Xiaoying Yanjiu

策划编辑:王　乾

责任编辑:洪美员　仇雨亭

封面设计:原色设计

责任校对:阮　敏

责任监印:徐　露

出版发行:华中科技大学出版社(中国·武汉)　　　电话:(027)81321913
　　　　　武汉市东湖新技术开发区华工科技园　　　邮编:430223

录　排:华中科技大学惠友文印中心

印　刷:武汉开心印印刷有限公司

开　本:710mm×1000mm　1/16

印　张:15　插页:2

字　数:230 千字

版　次:2022 年 4 月第 1 版第 1 次印刷

定　价:79.80 元

前言 FOREWORD

20世纪90年代以来,土地科学利用问题引起世界各国政府及国际组织的普遍关注,其过程、趋势、驱动力及由此带来的生态环境综合评价是各专家、学者研究的重点。土地科学利用问题可以发生在任意空间尺度上,中小尺度的变化将对大尺度区域产生重要的累积放大效应,从而对全球环境变化产生重要影响。因此,中小尺度土地利用问题引起的环境效应不仅是区域性的,也是全球性的。

新疆处在我国北方干旱区典型的荒漠-绿洲景观的生态脆弱区域,绿洲是其重要组成部分,其中最根本的活动是土地利用。但随着近几十年区域人口增加及城市化进程加剧,加之气候条件干旱、水资源分布空间差异大的综合作用,这一地区在土地利用过程中出现了一系列严重生态危机,如南疆塔里木河流域和北疆艾比湖流域的两大新疆生态问题。2013年9月,习近平总书记提出共同建设"丝绸之路经济带",2015年3月,新疆被确定为丝绸之路经济带核心区,使得新疆成为新时期我国开展生态环境国际合作和生态文明建设的重点区域。

因此,本书选取新疆艾比湖流域精河县作为典型靶区,分别从研究区土地利用空间格局、显在土地利用冲突、潜在土地利用冲突及土地利用环境效应四个方面开展研究,不仅对新疆乃至占全国面积47%的干旱半干旱区来说(钱安正等,2017),具有现实的理论与实践指导意义,也可以为地区生态环境治理、欧亚大陆桥畅通工程等西部重大项目提供决策依据,更可为我国"丝绸之路经济带"生态环境发展规划提供范例。

由于许多绿洲重大科学问题还处在探索研究之中,加之作者学术水平有限,书中难免会有诸多偏颇甚至错误之处,殷切期望得到专家和读者的指正。如果本书能对干旱区绿洲土地利用起到抛砖引玉的作用,对新疆绿洲经济建设有所裨益,将是我们最大的满足。

本书可供从事地理学、环境学、水资源学、干旱区生态学、可持续发展、绿洲与荒漠化研究和教学的相关人员,以及从事西北干旱区经济持续发展工作的决策人员参考。

作 者

2022 年 3 月

目录 CONTENTS

第一章 绪 论

第一节 研究背景与意义

一、研究背景

土地资源是人类赖以生存与发展的重要资源和物质保障,在人口-资源-环境-发展(PRED)的复杂系统中,土地资源处于基础地位。土地是人类生产生活必不可少的物质基础以及生存与发展的主要空间载体,人类活动的最终结果直接反映在土地利用与土地覆被的变化上,这些变化对生态环境产生了巨大的影响。随着全球环境变化研究的不断深入,土地利用与土地覆被变化及其影响已经成为全球环境变化研究领域的主要研究内容。国际地圈-生物圈计划(IGBP)和全球环境变化的人文因素计划(IHDP)于 1995 年共同提出"土地利用/土地覆被(Land Use and Land Cover Change,LUCC)科学研究计划",这是土地利用与土地覆被变化成为全球环境变化研究的前沿和热点核心课题的突出标志。

(一)土地利用与土地覆被相关概念

土地利用是指人类对土地自然属性的利用方式和利用状况,包含人类利用土地的目的和意图,是纯粹的人类活动。从定义上来看,土地利用是人类根据土地的自然属性和社会属性,以社会生产、经济建设为目标,为满足人类的需求而采取一系列技术手段对土地进行经营活动的过程。它侧重人类对土地的使用情形、使用方式以及土地的社会、经济属性,是人类为获得所需的产品或服务而进行的长期或者周期性的利用活动,具有很强的目的性。土地覆被侧重土地上的生物形态,如森林、草地、农作物地等,它可能随着土地利用的变化而变化。由此看来,两者既有区别又有密切的联系。土地利用侧重于土地的社会属性,是人类活动作用的结果,同时它又反映在土地覆被的当前状态上。土地覆被是土地自然属性和社会属性的共同体现。换言之,土地利用与土地覆被是一种因果互动关系,土地利用过程改变土地覆被类型,土地覆被类型变化反映土地利用的主体决策,并且土地利用主体根据土地覆被的反馈而改变土地利用方式。因此,通常将其合称为土地利用与土地覆被变化。

LUCC 是土地科学的一个重要分支,它涉及地理学、土地科学、农学、土壤学、经济学、生态学、水文学、气象气候学、地质学、植物学以及地理信息科学等多学科研究领域。LUCC 的范围可以从自然到人文、从全球到区域,它主要以 LUCC 状况及其发展情形为研究内容,它的根本目标在于提高对 LUCC 之间区域性的、相互作用的过程的认识,掌握其中的规律和了解、预测 LUCC 发展动态对全球环境变化以及可持续发展的影响。随着人类社会的发展,土地利用格局、深度和强度不断变化,对全球环境变化的影响不断加剧,LUCC 与全球环境变化关系更加密切。具体来说,LUCC 是全球环境变化的主要内容,同时,全球环境变化对 LUCC 也有深远影响。这是因为,土地作为地球生态系统发展演变的场所和物质基础,地表的 LUCC 发展是全球环境变化最直观的表现。LUCC 在时间和空间上的积累、重复,对地球生态系统影响深刻。正是因为 LUCC 与全球环境变化的关系密切,所以它成为研究全球环境变化的新热点。

占全球陆地面积 40% 以上的干旱区(钱安正等,2017),成因复杂、类型多样,对环境变化响应灵敏,具有变化过程快、变化幅度大、景观格局简单和差异明显等特点。由于干旱区 LUCC 的发展深受全球环境变化的影响,同时它又对全球环境变化有明显的反馈,使得干旱区 LUCC 研究成为全球环境变化研究的靶区。在干旱区中,以荒漠为背景的干旱区绿洲,以天然径流为依托,属中、小尺度非地带性景观,是人类活动的聚集地,具有较高的第一生产力。其环境变化直接关系到绿洲社会经济的稳定与可持续发展,因此,绿洲的 LUCC 是干旱区环境变化研究的重点。同时,由于干旱区绿洲的开发历史相对较短,多数形成于 20 世纪 50 年代,因此记录绿洲变化的数据较完整、系统,并且由于干旱区绿洲以流域为边界,边界较为清楚,因此绿洲 LUCC 驱动力易识别,便于深入分析绿洲 LUCC 发展的过程和驱动力,进而模拟、预测绿洲区域土地利用与土地覆被变化趋势。

(二)艾比湖流域精河绿洲土地利用

自我国开始实施"西部大开发"战略以来,新疆成为开发建设的重点区域。然而,新疆支撑资源开发的生态环境却极为脆弱:新疆位于全球四大沙尘暴区之———中亚沙尘暴区。我国专家认为,新疆的沙尘除了来自沙漠以外,还与该地湖泊严重的荒漠化、盐碱化和塔里木河流下游干涸沙化有必然联系。

1. 本区土地利用特点

新疆艾比湖流域——精河绿洲,地处亚欧大陆腹地,在新疆最大的咸水湖——艾比湖流域的核心区域,具有典型的干旱山区-绿洲-荒漠生态环境特点。其土地利用主要有如下特点。

(1)土地利用区域差异明显。南部山区林地和牧、草地分布较广,是水源涵养区和传统放牧区;中部为狭长平原,土地利用强度大,是主要的农区,耕地、城镇、村庄及工矿用地集中区域;北部则为艾比湖湿地自然保护区和甘家湖梭梭林自然保护区。

(2)农用地比重大,耕地比重小,园地分布集中。本区土地面积中农用地比重为 75.96%,耕地只占到 5.02%。园地分布相对集中,仅托里镇园地面积就占全县园地的 86.34%。

(3)农村居民点分布零散。受农、牧民传统生活习俗影响,农村居民点多沿路、沿河靠近耕作区分布,没有形成系统的村镇体系,分布零散。

2. 本区土地利用的主要问题

由于该区生态环境脆弱并且对气候响应敏感,近半个世纪以来,随着气候变化,人类活动对环境的影响加剧,该地地表植被被进一步破坏,水土流失严重,湖泊盐碱化加速,水资源急剧缩减。这使得该地原本脆弱的生态环境遭受着巨大的威胁。其土地利用存在的主要问题如下。

(1)后备资源丰富,但开发利用受限。精河县自然保留地面积大,后备资源丰富,但由于水资源分布不均,南部山区为水源涵养地和草场,北部为甘家湖梭梭林和艾比湖湿地两个国家级自然保护区,所以开发利用受限。

(2)农村居民点人均用地面积过大,提高集约水平难度大。精河县农村居民点人均用地面积为432 m²,远超过自治区规划用地的控制指标。而且近年来由于城镇化水平不断提高,部分农业人口已转为城镇人口,在《精河县土地利用总体规划(2010—2020 年)》的规划期内提高土地集约利用水平难度大。

(3)提高土地质量难度大,治理任务艰巨。由于县域农作物种植较为单一,不能合理倒茬,加之农药、化肥的过度使用和残留地膜等因素的影响,造成本区土地质量逐年下降。同时,由于牧区干旱缺水和超载放牧,部分地区草场退化,本区土地治理任务艰巨。

(4)生态环境脆弱,保护压力大。精河县域北部以艾比湖湿地自然保护区和甘家湖梭梭林自然保护区为核心的广大湖积平原,占全县土地面积的近三分之一。由于注入湖面水量的逐年减少,裸露湖面盐碱化严重,生态环境脆弱,因此新疆已将艾比湖列入本地生态环境治理的重点区域。

二、研究意义

干旱区绿洲降雨量较少,植被稀疏,生态环境脆弱。随着人口增长和经济社会的进一步发展,需要更多的土地满足当地人民的生存与发展需求。这使得生态环境保护与绿洲扩张发展之间土地利用矛盾和冲突逐渐凸显并面临加剧。因此,深入研究土地利用机理、科学判别显在及潜在的土地利用冲突,是及早发现、因地制宜、有效预防和破解土地利用冲突的基础和前提,具有如下重要意义。

其一,是防治干旱区生态退化、构建国家生态屏障的需要。干旱区是我国生态环境极为严酷和脆弱的地区之一。我国干旱区绿洲化面积从 20 世纪 50 年代后期的 2.5×10^4 km² 扩大到目前的 10.4×10^4 km²。但绿洲低水平、无序地开发,使绿洲稳定性下降,并引发了一系列生态环境问题。因此,开展相关的研究,有效遏制干旱区生态环境退化,使这一广袤地区成为我国的重要生态屏障以确保国家生态安全已是刻不容缓。

其二,是合理开发干旱区水土资源、保障国家社会经济可持续发展的需要。干旱区拥有我国最丰富的土地资源,初步估算可供开垦的后备耕地面积为 1.2×10^4 km²,在目前全国土地紧缺的状况下,开发潜力巨大,是我国后备土地资源的储藏库。同时,干旱区也是我国贫困人口和少数民族的聚集区,是国家构建和谐社会与新农村建设的难点地区。因此,干旱区水、土资源的合理开发与可持续利用,不仅事关国家社会经济发展大局,而且事关民族团结、政治稳定和边疆安全。

第二节　国内外研究进展

一、土地利用与覆被变化研究

(一) LUCC 研究的国际进展

20 世纪末,随着遥感技术和航空航天摄影技术的飞速发展,关于 LUCC 的研究开始成为全球环境变化研究的核心内容和重点领域(Turner B. L. 等,1995),世界各研究机构也分别启动了针对各地区的 LUCC 研究项目。如国际应用系统分析研究所(IIASA)展开的"欧洲和北亚地区 LUCC 动态模拟"项目;日本国立科学院全球环境研究中心发起的"为全球环境保护的土地利用研究"(LU /GEC),以及其和日本海域亚洲-太平洋地区全球变化研究网络(APN)合作开展的亚洲温带地区的 LUCC 研究;欧盟也推出了针对欧洲地区的 LUCC 研究计划(彭越,2014)。

土地利用变化研究的核心内容是描述某一时期内特定区域 LUCC 的发展动态,分析其发展的内在机制,预测未来发展方向(张同升等,2005),即监测、解析和效应研究三个方面,具体如下。

(1) 监测区域 LUCC 的动态结果。通过遥感图像、地图以及其他调查统计资料,结合 RS、GIS 等技术平台保存的区域土地利用时空动态变化数据进行分析。

(2) LUCC 的时空动力机制解析研究。相关研究模型首先通过甄别 LUCC 中的驱动因素,解释土地利用变化的成因和内部影响机制,然后演绎土地利用在类型、空间分布、变化速率等方面的基本过程,最终以此为基础对未来某种情景下的土地利用进行模拟和预测,掌握土地利用变化系统运动规律。目前被广泛采用的模型有三大类:第一类,数量预测模型,如马尔柯夫(Markov)模型、系统动力学(SD)模型、灰色理论(GM)模型、多目标规划(MOP)模型等;第二类,空间格局预测模型,如元胞自动机(CA)模型、多智能体(ABM/MAS)模型、未来土地模拟(FLUS)、人工神经网络(ANN)模型、CLUE-S 模型等;第三类,混合模型,如 CA-Markov 模型、SD-CLUE-S 模型、SD-CA 模型、GM-CA 模型等。

(3) 不同尺度下人类、自然生态系统对 LUCC 的效应研究。如从人类活动程度角度、城市化进程角度、生态系统碳循环角度、生态价值评价角度等进行研究。在研究区域的选择上,多以生态敏感型地区、农业人口较为密集的发展中国家为主。

(二)LUCC 研究的国内现状

我国开展较系统的土地利用研究最先是从土地利用扩张开始的。改革开放以来,城市化进程加快,在带动经济发展的同时,也引起了人、地矛盾的加剧。土地资源的有限性和不可再生性,促使学者们开始思考如何合理利用土地以及探究 LUCC 特性及发展规律。如张宏元等(2007)对乌鲁木齐 1996—2004 年 LUCC 动态趋势进行研究,进而得出人口增长与政策导向是影响其变化的主要因素;童小容等(2018)从 LUCC 的速度、利用程度以及转移方向等方面探讨 2000—2015 年重庆市 LUCC 的时空分布;胡莹洁等(2018)基于遥感数据,采用数理统计以及空间分析法,探究北京市 LUCC 的数量结构、类型转化及时空差异;熊晓轶等(2018)以河北太行山地区为研究对象,探讨当地 LUCC 与其经济发展、产业结构之间的内在联系;常小燕等(2021)研究了影响矿区 LUCC 重心以及经济重心迁移的因素。

在 LUCC 研究区域的选择上,学者们多以京津冀地区、长江三角洲地区、珠江三角洲地区、三江源地区以及东北地区等为研究对象。随着研究的不断深入,研究对象开始向流域尺度转变,如姜朋辉等(2012)以黑河流域为研究对象,借助遥感影像对其 35 年间 LUCC 动态进行时空演变规律探究。李小雁等(2008)将青海湖流域周边 LUCC 动态与区域的生态服务价值联系起来。在针对 LUCC 的研究模型上,则主要有转移矩阵模型、回归分析模型、马尔柯夫模型及系统动力学模型等。

二、土地利用冲突研究

(一)国外研究现状

"冲突"一词一开始是在社会学上被提出的,并在后来衍生出了社会冲突理论(Adams W. M. 等,2003)。该词在社会学上主要体现的是一种较为矛盾的状态,即一种非平衡的状态。"冲突"在社会学上的主要表现为:人际关系不协调和发生各种矛盾冲突(王埼等,2004)。国外学者认为,现代意义的土地利用冲突始于 20 世纪六七十年代,且主要发生在区域资源不均等、区域内部发展不协调的发展中国家以及工业化程度变化较快的国家。学者们主要围绕土地利用冲突产生的原因及其形成过程、冲突的类型及其发生区域、产生机制等问题展开了一系列研究。如 1977 年,在由英国乡村协会组织的城市边缘学术会上,学者们探讨了"土地管理、土地利用关系与冲突"的问题。Ishiyama 等(2003)对发生在犹他州 Skull 谷地的环境正义与美国印第安部落之间的土地利用冲突案例进行了探讨。Young 等(2005)认为新居民区发展所产生的土地利用冲突与土地清理有关。Mann 等

(2009)通过两种方法分析农村地区的土地利用冲突,并期待完善农村规划管理体系。之后,研究者开始关注土地利用冲突对农业生产、生态环境安全等方面的影响。Klopatek 等(1979)利用 Küchler 地图分析美国在土地利用冲突中自然植被的变化情况。Nantel 等(1998)将多准则排序方法(Multi-criteria Sorting Method)和不受约束的柯克帕特里克的迭代法(Unconstrained Kirkpatrick's Iterative Method)两种方法对比,为纽芬兰西海岸选择珍稀植物保护区。Arlete Silva de Almeida 等(2013)分析巴西帕拉州的永久柴油生产保护区及其他区域存在的土地利用冲突问题。Valle Junio 等(2014)将土地利用冲突范围内的地下水质量与冲突范围外的相比较,进而探讨土地利用冲突对地下水质量以及环境的影响。

从 1992 年联合国环境与发展大会到 1997 年世界林业大会,随着研究的深入,学者们在前人的研究基础上开始探讨如何缓解或者解决土地利用冲突的问题。土地利用冲突是一个复杂的问题,因为它涉及的多个相关因素不仅受环境和社会影响,且自身也是多面的、变化的。Faucett 等(2018)用 LUCIS(Land Use Conflict Identification Strategy)模型识别未来建设用地、农业用地和生态用地之间的潜在冲突区域。Brown 等(2014)采用参与式映射的方法,映射、识别澳大利亚南威尔士东部的潜在土地利用冲突,并对比评估价值观、偏好和二者结合三种不同的映射方法的优势和局限性。Tudor 等(2014)用网络分析法,对瑞士和罗马尼亚的四个案例建立评价体系,评估针对土地利用冲突问题的解决方案。Adam 等(2015)以苏丹中心农民和牧民对土地利用冲突的看法为例,分析参与者对土地利用冲突的看法是"威胁"还是"失去",以及所体现的社会经济特征之间的关系,为管理当地农民和牧民之间的土地利用冲突确定了 14 种应对策略。

综上,许多学者意识到土地利用冲突问题已经不只是小范围的区域性问题,而是全球范围内普遍存在的世界性问题。但不同国家、不同区域对土地的管理政策法规不同,且利益相关者不同,所以发生冲突的原因不尽相同,使得不同区域的土地利用冲突具有差异性。

(二)国内研究现状

国内学者较早提出土地利用冲突时,认为它是人口增长对有限资源的争夺,即人地矛盾日益激化的结果(王正兴,1998)。也有学者在此基础上从不同角度进一步理解土地利用冲突,如于伯华等(2006)将土地利用冲突解释为:在土地资源利用中各利益相关者对土地利用的方式、数量等方面的不一致、不和谐,以及各种土地利用方式与环境方面的矛盾状态。2001年中国科学院对土地利用冲突产生的原因和过程、冲突的类型,以及冲突的解决办法等问题进行了讨论(Adam Y. O.等,2015)。此后,国内学者开始更多关注土地利用冲突的产生原因、强度等级、演化过程、缓解机制、解决方法等相关问题。如2004年,储胜金等以天目山自然保护区为例,分析了生态保护区与其他土地利用方式之间的冲突关系,并试图寻找协调这种冲突的途径。2008年,马学广等以广州市珠海区为例,研究了城市空间社会生产与土地利用冲突之间的关系。2010年,王爱民等以广州市珠海区果树保护区为例,采用行动者网络分析方法,将该地区的土地利用冲突的类型划分为程序冲突、价值冲突、利益冲突和结构冲突,并建议通过协商和谈判建立纵横交织的网络,以缓解冲突。2012年,杨永芳等基于压力-状态-响应(Pressure-State-Response,PSR)模型,建立农区土地利用冲突强度的特色评价指标体系,对冲突强度进行评价,预测土地利用冲突强度呈波动增加趋势,分析冲突产生的原因并提出缓解土地利用冲突的建议。2013年,肖华斌等以广东省西樵山风景名胜区为例,从冲突潜在阶段、冲突意图阶段、冲突行为阶段、冲突结构阶段四个阶段分析了城市风景区外部与内部的土地利用冲突的动态演化过程,以及利益相关者间的博弈关系。2014年,刘巧芹等基于建设、农业和生态用地竞争力评价识别了北京市大兴区潜在土地利用冲突,并因地制宜地提出了相应的管理政策建议。2015年,陈威等则基于适宜性评价体系,分析了云南省红河县潜在土地利用冲突的类型,划分研究区潜在土地利用冲突的等级并识别发生区域,最后提出降低土地利用冲突发生风险的三类措施。

同时,也有部分国内学者尝试从理论方法方面探讨中国的土地利用冲突问题。如2011年,徐宗明基于利益相关者理论分析了土地利用冲突管理,并提出相应的管理方式。郑刘平(2012)对潜在土地利用冲突进行了判别研究,并认为潜在土地利用冲突是指在冲突的潜伏期所表现出的利益相关者间存在或积累了能够引发冲突的前提条件。杨永芳等(2012)提出土地利用冲突的权衡理论和模型方法,并根据利益相关者的偏好做出权衡,进而确定了解决土地利用冲突的方案。2014年,阮松涛等(2013)基于博弈均衡理论,寻找缓解中国土地利用冲突的最优解。2020年,蒙吉军等(2020)在分析土地利用变化的基础上,构建了由外部压力、脆弱性和稳定性表征土地利用冲突强度的模型。

纵观上述国内外研究不难发现,土地利用冲突发生的区域分布格局并不具有规律性,无论土地资源丰富与否,无论地域经济发达与否,都可能发生土地利用冲突(谭术魁,2008)。土地资源的多宜性和土地供给的有限性是冲突产生的根本原因,而人口及其增长是冲突发生与发展的主要驱动力。在土地资源具有多宜性和有限性情况下,如何协调经济发展、粮食安全和生态环境安全之间的关系,是解决土地利用冲突的关键。而准确识别潜在土地利用冲突,是因地制宜以及有效预防和破解土地利用冲突的前提。

三、蒸散发

(一)国外研究现状

地表蒸散发研究在国外起步较早,从19世纪到现在,已有200多年历史,并且取得了一系列的重要成果。1802年,Dalton提出温度、湿度和风速的蒸散发公式,开创了近代蒸散发研究的先河。1926年,Bowen从能量平衡方程的角度,通过地面湍流梯度理论,提出了波文比-能量平衡法。1939年,Thornthwaite等(1939)以边界层相似理论为基础,提出了蒸散发空气动力学方法。1948年,Penman(1948)开创了"蒸散发力"的概念,并结合能量平衡、大气湍流相似性理论,创建了联合蒸散发方程。1965年,Monteith在蒸散发的过程中引入"表面阻抗",以冠层为单层蒸散发面,导出Penman-Monteith公式,为非饱和下垫面的蒸散发研究开辟了新的途径。Allen等(1998)以耕地植被作为假设阻力层,利用赋予参考作物冠层阻力和固定高度的方法,对在不同环境条件下Penman-Monteith公式的使用方法和过程,做出了详尽的解释说明。1972 年,Priestley 等(1972)以最小平流前提下的潜在蒸散发耗水量为研究对象,对蒸散发界面分层建立模型研究。针对单层模型的不足,Shuttleworth 等(1985)将土壤蒸发和植被蒸腾作为不同的蒸散发来源,以 Penman-Monteith 公式为基础,提出了土壤与植被分层计算的双层模型,分层进行计算。以此为研究思路,Dolman(1993)、Choudhury 等(1988)分别提出了所谓的"三层模型""四层模型"。Blyth 等(1995)更是提出了一个大胆的假设,认为植被只是缀在裸露的土壤上,且相互孤立,应以此来计算蒸散发量。

以上有关蒸散发的计算方法都是较传统的模型计算方法,基本都是在研究单一表面的蒸散发情况或以点概面的估算蒸散发情况,适用范围都是比较有限的。由于在自然状况下,地表构成复杂,下垫面几何结构和物理性质都呈现非均匀的特点,传统方法就难以推广到区域空间尺度上。20 世纪 70 年代后,遥感技术快速发展,为蒸散发的空间分析提供了新的解决途径,实现了蒸散发研究由点到面的突破,并涌现出了许多估算蒸散发量的空间遥感模型,实现了传统方法到空间遥感技术方法的拓展应用。

Brown 等(1973)基于热红外遥感和蒸散发模型对地面温度进行了实践研究。Jackson 等(1977)首次基于空间遥感技术进行大面积蒸散发量估算,开创了遥感估算蒸散发的新纪元。Menenti 等(1986)利用 Landsat 数据估算了土壤温度。Menenti 等(1993)以利比亚沙漠为研究区,利用 Landsat 数据和 SEBI 模型,根据蒸散发与地表温度的关系,实现了地表蒸散发的参数化。Bastiaanssen 等(1998)提出了陆面能量平衡算法(SEBAL),该方法利用蒸散发比,通过探究量化表层阻抗和土壤含水量,建立了蒸散发经典模型。Roerink 等(2000)对能量平衡指数模型进行了简化,估计了地表温度的范围("干边""湿边")以反映土壤含水量,进而将地表反照率和地表温度结合后直接得出蒸散发比。Su(2002)提出了地表能量平衡系统(SEBS)反演估算地表蒸散发量的方法。由于该模型是针对遥感地表蒸散发量反演而设计开发的,理论方法更合理,估算精度较好。目前,发展延伸的遥感技术与地面观测数据资料不断融合,使得对蒸散发进行多尺度观测并与遥感模拟相结合成为未来的趋势。

纵观上述国外研究现状,蒸散发研究的发展从简单到复杂、从经验计算到机理公式,相关的理论、方法和应用都在不断突破,已取得不少显著成果。但是,在区域尺度上的蒸散发量反演仍存在诸如时间尺度扩展、空间尺度推绎及模型验证等问题。

(二)国内研究现状

我国利用遥感技术进行蒸散发的研究起步较晚。陈镜明(1988)改进了Brown 和 Rosen-berg 提出的遥感蒸散发模型,并估算了地表蒸散发强度。20 世纪 90 年代初,中日合作在黑河地区开展了地气相互作用实验,先后进行了遥感的地表参数反演和地表能量通量研究,为国内进一步开展相关工作奠定了基础。田国良等(1990)用 NOAA 和地面气象站资料估算了作物蒸散发量和土壤的水含量。谢贤群(1991)提出了一个简易的计算模式,通过与禹城综合试验站资料对比分析,获得了满意的结果。陈乾等(1993)用 NOAA、海拔高度和气象观测数据估算了江河流域复杂地形上的蒸散发量。陈鸣等(1994)从能量平衡方程出发,用冠、气温差方法求得局部地区的蒸散发量,进而与卫星热红外温度数据相结合,估算大面积作物的蒸散发量。陈云浩等(2002)基于能量平衡原理建立了两种极端条件下,即裸土蒸散发和全植被覆盖蒸散发计算模型。庞治国等(2004)利用 NOAA 和 FY-1 提供的热红外资料建立了新的土壤水分检测系统,提出了基于能量平衡方法、遥感反演蒸散发量的计算模型。李红军等(2005)利用 SEBAL 模型对河北省栾城区进行了遥感蒸散发研究,计算获得相关地面特征参数与日蒸散发量。乔平林等(2006)建立了基于 MODIS 遥感数据的大区域蒸散发遥感反演技术方法。何延波等(2007)利用遥感数据,在将 SEBS 拓展为日蒸散发量估算模型的基础上,对黄淮海地区的蒸散发量进行了估算。孙亮等(2009)利用 MODIS 产品进行了蒸散发量的估算,并与大孔径闪烁仪的观测结果进行对比分析。高永年等(2010)针对地形变化下地表通量的不同特征,估算了研究区的瞬时蒸散发量,并与二源模型做了相关性分析。李红霞等(2011)利用 Penman-Monteith 模型,结合MODIS 叶面积指数,较好地实现了蒸腾、蒸发及蒸散发量的有效计算。张晓玉等

(2018)结合 MODIS 数据和气象观测数据,利用 SEBS 模型估算艾比湖流域的地表蒸散发量。张永强等(2021)利用 MODIS 数据驱动 PML-V2 模型,定量解析了植被变化对全球陆面蒸散发的影响。

由此可见,我国的蒸散发研究,无论在理论还是实践方面,都取得了很大的进展,但在模型模拟、预测及评估层面所做的工作稍显不足。

四、荒漠化

(一)国外研究现状

荒漠化(Desertification)一词是由法国植物学家 Aubreville 于 1949 年首先提出的,他把由于滥伐和盲目烧荒造成的非洲热带森林向热带草原演化的过程称为"荒漠化"。20 世纪 70 年代,联合国防治荒漠化大会(UNCOD)将荒漠化评价指标研究作为环境问题正式提出。许多气象、气候学家参与了对该问题的研究,并逐渐成为国际学术界的热点。80 年代,联合国环境规划署(UNEP)、联合国粮食及农业组织(FAO)对全球土地退化制定了评估标准,将其分为水蚀、风蚀、化学退化、物理退化等类型以及轻度、中度、重度、极重度四个退化等级(Dall'Olmo G 等,2002)。90 年代,《21 世纪议程》(1992)将土地荒漠化作为优先发展领域,同时提出保护生态、防治土地荒漠化的倡议。Bakhit 等(1982)国外学者利用遥感技术监测、评估土地荒漠化,但仅限于目视解译方法。也就是说,通过室内判读遥感影像结合野外实地验证最终成图。Sanders(1986)通过探究气候环境对南部非洲的荒漠化影响,发现降雨模式对该地区荒漠化程度影响较大。Tanser 等(1999)利用遥感数据对南非半干旱区荒漠化进行了探究。20 世纪 90 年代,随着美国陆地卫星、法国地球观测卫星系统、美国国家海洋与大气管理局等数据的不断发展和 3S 技术的日益成熟,遥感对地观测迈出了新的一步,成为基于 3S 技术进行土地荒漠化评价和监测的重要手段。Sandholt 等(2002)利用温度植被干旱指数、综合植被干旱指数以及陆地温度对荒漠化进行监测。Hensen 等(2002)利用光谱混合分析法,通过对土壤因素进行调节来提取有效的植被信息,对土地荒漠化状况进行监测。Ismael 等(2015)通过 MEDALUS 模型、GIS 和 RS 技术对农业用地荒漠化进行了评估和分析。Shalaby 等(2004)利用低分辨率遥感影像数据和 GIS 分析模块对埃及农业土地的荒漠化和土地覆被变化做了相关分析研究。

随着研究的深入,学者在前人的基础上探讨如何模拟未来土地荒漠化演变格局。Lippe 等(1985)曾利用马尔柯夫模型对植被变化进行检验,结果表明马尔柯夫模型在预测结果时会受到转移概率矩阵的不均匀性和空间的影响。Turner(1988)利用空间仿真模型预测了土地利用模式的时间变化。90 年代初,Smith 等(1991)基于元胞自动机设计了一个模拟地形侵蚀过程的模型,讨论了元胞方法在地貌学中的应用。近年来,Yu 等(2009)将元胞自动机、多准则评价方法和地理信息系统相结合,探索了一种新的 AHP-CA-CIS 方法,实现了灌溉农业土地适宜性模拟;Zhang 等(2015)提出了一种基于水土流失和风蚀的荒漠化风险评价方法,即利用加州空气资源委员会开发的通用土壤流失方程和风蚀方程,结合 ArcGIS 技术绘制荒漠化风险图,并与环境敏感区模型的评价结果进行比较。

(二)国内研究现状

20 世纪 50 年代,中国开始开展荒漠化研究。70 年代,国外的遥感数据开始被用于资源调查、灾害预测和环境监测。80 年代,朱震达(1985)利用遥感影像,通过目视解译和野外考察数据对比分析,发现了人类活动对中国北方地区荒漠化的影响。陆兆雄等(1985)根据卫星影像分析系统,以陆地卫星影像为数据,结合监督分类方法绘制了毛乌素沙漠南缘的土地类型图。90 年代,因执行《联合国防治荒漠化公约》和全国荒漠化监测的需要,荒漠化的分类、监测及评价体系等受到各部门的广泛关注。王涛等(1998)在前人对荒漠化监测探究的基础上,提出一种遥感技术和计算机信息相结合的评价体系。李宝林等(2002)在 NOAA/AVHRR 模型建立的监测指标基础上,利用 RS 和 GIS 对东北荒漠化过程进行监测,并利用 TM 数据探讨其荒漠化发展方式。

中国土地荒漠化预测始于 20 世纪 90 年代,主要借用马尔柯夫模型模拟土地利用过程(徐岚等,1993)。近 20 年,国内学者又不断利用元胞自动机、马尔柯夫、灰色理论模型和统计分析等方法预测了国内土地荒漠化动态发展。徐当会等(2002)利用非线性回归模型和灰色理论模型分析和预测了河西走廊荒漠化总体趋势,同时指出荒漠化发展趋势时间变化段选择更长、更准确。崔海山等(2004)将荒漠化土地视为独立的土地,使得将马尔柯夫模型用于预测荒漠化动态变化成为可能。2004 年,黎夏等人在多篇文章中对地理元胞自动机模拟的基本原理以及常用的转换规则做了系统性概述,并利用广州等地多期土地利用图,对城市发展用地的空间分布进行了模拟和预测。贾宁凤(2005)利用 AnnAGNPS 模型对晋西北河曲县土壤侵蚀进行了预测评估,将不同乡镇荒漠化防治和空间分布特征划分为高、中、低三种类型。宋冬梅等(2009)利用 CA 模型对民勤绿洲荒漠化进行预测。宇林军等(2013)提出利用局部化转换规则的 CA 模型对美国佛罗里达州的橙县土地利用变化进行模拟,其模拟精度高于传统的全局性多项 Logit (Multi-Nomial Logit,MNL)模型。2020 年,赵昊天利用 MCE-CA-Markov 模型,通过情景设置模拟了眉山市未来土地利用变化。

第二章 研究区概况与数据来源

第一节 研究区概况

一、地理位置

本研究区——精河县位于新疆维吾尔自治区西北部,准噶尔盆地西南边缘,天山支脉婆罗科努山北麓,东经 $81°07'52''\sim83°05'48''$,北纬 $44°00'21''\sim45°00'56''$。东西长约 166 km,南北长约 134 km,总面积约 $11.85×10^5$ hm²。县域东接乌苏,西邻博乐,南与伊宁、尼勒克相隔,北与托里、博州、阿拉山口相望,艾比湖调水线路从中穿过,区位优势和发展潜力日益突出,成为连接东、西各地区的黄金枢纽(图 2-1)。

研究区地形自南向北倾斜且平坦开阔。南部天山山系面积约 $46.42×10^4$ hm²,占研究区总面积的 41%,自西向东依次分布喀拉套山、科古尔琴山、腾格尔达坂山、夏尔孜孜尔山和黑山,平均海拔 400 m。中部是博尔塔拉河冲积平原,面积为 $61.115×10^4$ hm²,占研究区总面积的 54%,岩漠、砾漠戈壁分布较广泛,少部分区域为沙漠。精河县的农业区主要集中在天山北麓洪积扇的山前倾斜平原,位于洪积扇的扇形下风扇边缘。北面是呈椭圆形的艾比湖,平均水深 $2\sim3$ m,面积 $52.20×10^3$ hm²,约占研究区总面积的 5%。博尔塔拉河、精河和奎屯河从西、南、东三个方向汇入艾比湖,是艾比湖湖水的主要来源。

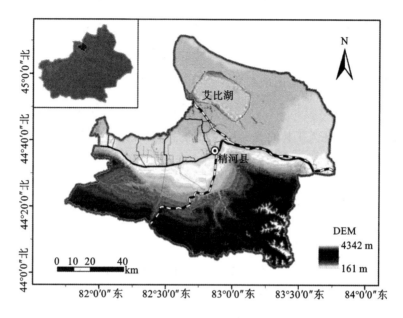

图 2-1 研究区地理位置

二、自然环境

（一）水资源

研究区的水源包括地表水和地下水。地表水主要来自精河、大河沿子河、阿恰勒河和托托河,总平均径流量为 7.87×10^6 m³,水资源量为 9.44×10^6 m³。地下水来源主要是基于河水渗漏,平原区的季节性降水和灌溉渗漏也具有一定的补给作用。

（二）植被

研究区草地占陆地面积的 66.07%,有 11 个大类 21 个亚类、136 个组和 171 个草场类型。受气候和海拔的影响,草场按季节主要分为三种:春秋两季草场、夏季草场和冬季草场。其中,春秋两季草场分布范围广、面积大,包括平原荒漠草场、平原草原化荒漠草场和山地荒漠草场;夏季草场较为分散,各处自然条件不同,利用率不同;冬季草场植被较差,没有水源,须冬季降雪后才能放牧。

森林资源包括三部分:山地森林、平原林、平原人工林。山地森林主要分布在研究区南部婆罗科努山北坡,大河沿子河、阿恰勒河、精河和托托河上游山区;平原林包括平原绿洲区人工林的北部和西部的荒漠林;平原人工林主要集中在以渠系灌溉方式为主的人工绿洲区。

(三)光热资源及矿产资源

研究区气候属北温带干旱荒漠型大陆性气候,光热资源丰富,年均无霜期171天,降水量102.2 mm,日照2710小时,年均气温7.8 ℃。区内矿产资源十分丰富,储量巨大,目前有铁、铜、钼、磷、石灰石、池盐、芒硝、脉石英等20多种矿产资源。

(四)生物资源

研究区内有两个国家级自然保护区,即甘家湖梭梭林和艾比湖湿地自然保护区。甘家湖梭梭林位于准噶尔盆地的西部,是艾比湖中心凹陷的湖积平原,既是荒漠生态类型保护区,又是亚洲最大的梭梭林自然保护区。保护区野生植被种类繁多,有包括天山雪莲、麻黄、肉苁蓉、车前子等在内的共43科137属270种野生植物。艾比湖湿地自然保护区处在阿拉山口大风通道下,三面环山,东北方向与古尔班通古特沙漠相连。区内有马鹿、鹅喉羚、北山羊、旱獭、松鼠等野生动物257种,野生植物52科191属385种,是新疆内陆荒漠物种较为丰富的区域。

三、社会经济发展

精河县管辖托托镇、托里镇、大河沿子镇和精河镇,下辖1个乡(茫丁乡),2个国营农场(阿合其农场和八家户农场),驻有兵团第五师83团和91团。精河县是一个多民族聚居的地区,有汉族、维吾尔族、蒙古族、哈萨克族、回族等 29 个民族共同生活,总人数 14.26 万。

精河县地理位置优越:一方面,地处两个"国家一类口岸"的交汇处,有多条能源通道过境;另一方面,位于新疆北部重要交通枢纽附近,多条交通要道穿行。受"一带一路"和"天山北坡经济带"政策的影响,其经济发展非常迅速。2019 年,精河县实现地区生产总值 90 亿元,增长 6.5%,产业结构进一步优化,第三产业比重上升为 43%。

精河县农产品资源丰富,区内大量种植了枸杞和棉花。经过多年的发展和科学的规划,形成了"一红(枸杞)二白(棉花、盐业)"的产业发展格局和模式。枸杞作为精河县的特色农产品,目前种植总面积达 116.4 km²,干果总产达 2.5 万吨,产量占全疆的 65%。全县棉花总播种面积 819 km²,是"全国优质棉基地县"和"自治区出口棉基地县"。

第二节　数据与资料来源

一、空间遥感数据

相关专题研究所涉及的空间遥感数据来源于中国地理空间数据云网站(http://www.gscloud.cn),均为 Landsat-5 TM、Landsat-7 ETM 和 Landsat-8 OLI_TIRS 数据,轨道号为 P145/R029 和 P146/R029,云量低于 10%。影像时间分别为 1990 年 10 月 5 日、1994 年 9 月 30 日、1998 年 9 月 25 日、2000 年 9 月 18 日、2002 年 9 月 28 日、2007 年 9 月 18 日、2011 年 9 月 5 日、2013 年 9 月 18 日、2015 年 9 月 24 日、2016 年 8 月 25 日和 2018 年 6 月 5 日,共计 11 期(表 2-1)。所有数据在 ARCGIS 10.1 软件和 ENVI 5.1 软件平台中预处理后进行空间建模。

表 2-1　Landsat 卫星遥感影像数据

日期	卫星	传感器	分辨率	云量
1990/10/5	Landsat-5	TM	15 m-全色波段 8	0%
1994/9/30	Landsat-5	TM	30 m-反射波段 1-5 和 7	0.43%
1998/9/25	Landsat-5	TM	60 m-热波段 6H、6L	0.82%
2000/9/18	Landsat-5	TM		1.64%
2002/9/28	Landsat-7	ETM+(SLC-on)	15 m-全色波段 8	11.2%
2007/9/18	Landsat-7	ETM+(SLC-off)	30 m-反射波段 1-5 和 7	1.73%
2011/9/5	Landsat-7	ETM+(SLC-off)	60 m-热波段 6H、6L	4.77%
2013/9/18	Landsat-8	OLI、TIRS	30 m-OLI 多光谱波段 1-7,9	3.14%
2015/9/24	Landsat-8	OLI、TIRS	15 m-OLI 全色波段 8	4.65%
2016/8/25	Landsat-8	OLI、TIRS	30 m-TIRS 波段 10、11	1.54%
2018/6/5	Landsat-8	OLI、TIRS		3.51%

　　研究区坡度、坡向等地形参数,来源于中国地理空间数据云网站 ASTER GDEM V2 数据,所用 DEM 空间分辨率 30 m。

　　本研究所使用的各乡镇行政区划、道路等矢量数据均从新疆矢量图层中裁剪获得。

二、社会经济发展数据

　　研究中所使用的人口数量、农作物总产量、牲畜量、GDP、工业总产值、各行业比重等数据,均来自精河县 1990—2018 年统计年鉴、精河县政府网、精河县改革开放 30 年统计公报或新疆统计年鉴中的农业和国民经济核算部分。

三、其他各类数据资料

（一）土壤数据

土壤数据主要包括有机质、速效磷、碱解氮及土壤肥力,数据来源于 2018 年及 2000 年团队土壤采样实验。

（二）气象数据

气象数据主要包括降水量、空气温度、平均风速和日照时数气象数据。这些数据均来自研究区周边 5 个气象站点(图 2-2):阿拉山口气象站点(站点编号:51232)、托里气象站点(站点编号:51241)、温泉气象站点(站点编号:51330)、精河气象站点(站点编号:51334)和乌苏气象站点(站点编号:51346)。

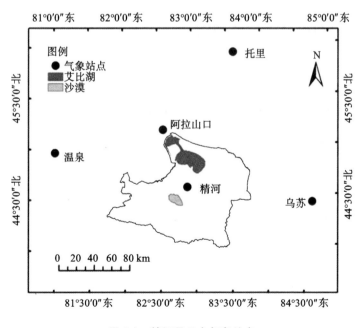

图 2-2　精河县 5 个气象站点

第三章 土地利用变化格局分析

精河流域地貌复杂,自然条件和社会经济发展区域差异大,土地利用特征空间差异明显。因此,利用 GIS 技术对土地利用变化进行探讨分析,可以为优化研究区土地利用结构、提高土地利用效率、促进区域可持续发展提供参考。

第一节 土地利用分类

一、土地利用分类标准确定

根据国家《土地利用现状调查技术规程》要求,并参考《土地资源遥感监测与评价方法》(王静等,2006)和 2017 年我国土地调查相关分类系统(孙丕苓,2017),本研究将精河县土地利用分为六大类,具体如表 3-1 所示。

表 3-1 土地利用分类标准

研究区地类及编码	国家标准参考地类编码	类型描述
耕地 01	耕地 01、园地 02	绿洲中正在使用的农田、轮歇地、弃耕地

续表

研究区地类及编码	国家标准参考地类编码	类型描述
水域 02	水域及水利设施用地 11	艾比湖、精河及其支流
林地 03	林地 03	自然林带及人工林带
草地 04	草地 04	天然草地、人工草地及改良草地
建设用地 05	商服用地 05、工矿仓储用地 06、住宅用地 07、交通运输用地 10	居民点、工矿用地、交通用地等
未利用地 06	其他土地 12	盐碱地、沙地、裸土地、裸岩石砾地带

注:参考 2017 年《土地利用现状分类》(GB/T 21010—2017)。

二、遥感影像解译

为了保证上述土地利用分类结果的有效性,我们对计算和处理结果进行了评价。此次结果评价采用了 Kappa 系数和混淆矩阵。通过对比研究区现有的土地利用相关资料,结合实地考察,我们在每期影像中随机抽取 300 个样点,对其 Kappa 系数求取平均值。1990 年的 Kappa 系数为 0.87、2000 年 Kappa 系数为 0.89、2018 年的 Kappa 系数为 0.91,表明三个年份的分类精度能够用于后期识别和诊断精河县土地利用冲突,具体结果见图 3-1。

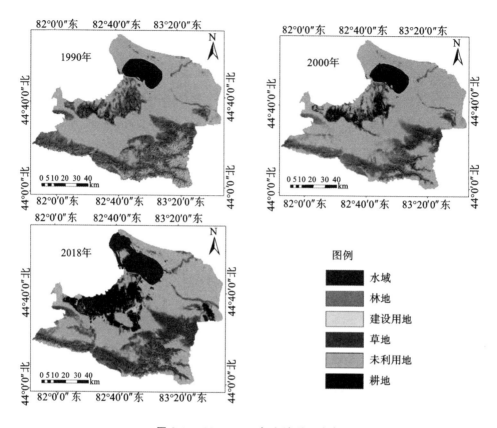

图 3-1 1990—2018 年土地利用分类

注：图表中仅呈现 1990—2018 年部分年份的数据，具体见标注，后同。

第二节 土地利用变化分析

一、土地利用结构变化

利用 ArcGIS 软件，结合遥感影像解译图、研究区地形和野外调查采样点数据,得到研究区近 30 年的土地利用现状面积及结构(图 3-2)。

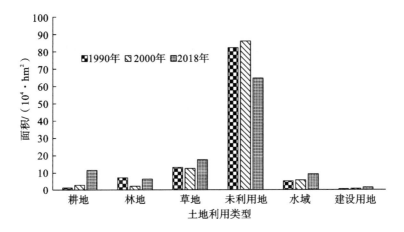

图 3-2　研究区 1990—2018 年土地利用类型面积

根据精河县 2018 年土地利用结构数据(表 3-2),精河县土地面积约为 109.31×10^4 hm²,其中,未利用地分布最广,面积有 64.48×10^4 hm²,占土地面积的 58.99%。耕地面积 10.89×10^4 hm²,占土地面积的 9.96%,说明有一定数量的耕地后备资源。林地和草地是精河县土地利用的主要类型,主要位于精河县的南部、东南部的山地丘陵带和绿洲区。其中,林地面积 6.54×10^4 hm²,草地面积 17.42×10^4 hm²,二者占土地面积的 21.91%。相对林地和草地,精河县的建设用地最少(1.23×10^4 hm²),水域面积较少(仅 8.76×10^4 hm²),二者共占土地总面积的 9.14%。

具体而言,近几年未利用地面积占比下降。1990 年精河县未利用地占土地面积比例 75.04%,2000 年占土地面积的 78.63%,2018 年占土地面积的 58.99%。耕地和建设用地随着城镇化进程呈逐年扩张趋势,并主要分布于地势较低的绿洲区。林地和草地则呈现出 1990 年到 2000 年减少、到 2018 年增加的特征。水域面积则在艾比湖生态输水等工程的实施影响下逐渐增加。

表 3-2 1990—2018 年研究区土地利用类型面积统计

土地利用类型	1990 年		2000 年		2018 年	
	面积/hm²	比重/(%)	面积/hm²	比重/(%)	面积/hm²	比重/(%)
耕地	12196.40	1.12	30954.40	2.83	108920.00	9.96
林地	73543.40	6.73	20316.00	1.86	65368.20	5.98
草地	131576.00	12.04	124459.00	11.39	174154.00	15.93
未利用地	820257.00	75.04	859520.00	78.63	644796.90	58.99
水域	53886.00	4.93	54920.90	5.02	87623.10	8.02
建设用地	1682.17	0.15	2971.37	0.27	12278.50	1.12

二、土地利用速度变化

为研究土地利用速度,选取土地利用变化率作为土地动态度的研究指标:

$$K = \frac{U_b - U_a}{U_a} \times \frac{1}{T} \times 100\% \tag{3-1}$$

式中,K 为选取的特定的土地利用变化率;U_a 为研究开始时土地类型数量;U_b 为研究结束时土地类型数量;T 为该项研究从开始到结束的时间段。

计算结果表明,1990—2018 年研究区耕地、草地、水域和建设用地面积增加,林地和未利用地面积减少(表 3-3)。其中耕地和建设用地面积变化幅度最大,动态变化度为 28.32% 和 22.50%。说明研究区在垦荒、开发建设等因素的影响下,城镇化、农村机械化率升高,使得建设用地和耕地面积快速扩张。分阶段来看,1990—2000 年耕地、未利用地、水域和建设用地的面积都有不同程度的增加。其中,未利用地面积增加了 3.93×10^4 hm²,林地和草地面积分别减少了 5.32×10^4 hm² 和 0.71×10^4 hm²。林、草地规模急剧萎缩退化,主要原因是新疆极端荒漠气候和人为因素造成的对牧草地的侵占及其退化。2000—2018 年,除未利用地外,其他土地利用类型都有不同程度的增加。其中,耕地面积比例增加了7.13%、林地增加了4.12%、草地增加了4.54%、水域增加了3%、建设用地增加了0.85%。

表 3-3　1990—2018 年研究区土地利用动态变化度

土地利用类型	1990—2000 年		2000—2018 年		1990—2018 年	
	增加量/hm²	K/(%)	增加量/hm²	K/(%)	增加量/hm²	K/(%)
耕地	18758.00	15.38	77965.60	13.99	96723.60	28.32
林地	−53227.40	−7.24	45052.20	12.32	−8175.20	−0.40
草地	−7117.00	−0.54	49695.00	2.22	42578.00	1.16
未利用地	39263.00	0.48	−214734.00	−1.39	−175471.00	−0.76
水域	1034.90	0.19	32702.20	3.31	33737.10	2.24
建设用地	1289.20	7.66	9307.13	17.40	10596.33	22.50

三、土地利用转移矩阵分析

将研究区三期土地利用分类结果叠加,获取了 1990—2000 年、2000—2018 年和 1990—2018 年三个时间段的土地利用转移矩阵。

1990—2000 年,各类土地之间都有相应的变化。其中,林地变化量最大,主要向未利用地和草地转移,转移的面积分别为 $3.61×10^4$ hm² 和 $1.87×10^4$ hm²。水域主要向未利用地转出,转移的面积为 $0.07×10^4$ hm²。建设用地主要是由未利用地和草地转入,总转入量为 $0.30×10^4$ hm²。草地有 $5.37×10^4$ hm² 转出为未利用地,$1.30×10^4$ hm² 转出为耕地。占研究区比例较大的未利用地发生向草地和耕地的转移,转移量分别为 $3.93×10^4$ hm² 和 $0.97×10^4$ hm²,耕地则主要是由未利用地和草地转入(表 3-4)。

表 3-4 1990—2000 年研究区土地利用转移矩阵

土地利用类型		1990 年面积/hm²						
		水域	林地	建设用地	草地	未利用地	耕地	总计
2000 年面积/hm²	水域	52871.50	119.48	3.33	210.70	1708.00	7.88	54920.89
	林地	0.08	18623.00	—	1375.71	317.02	0.16	20315.97
	建设用地	3.41	0.08	1042.60	610.08	1069.98	245.22	2971.37
	草地	279.33	18659.70	297.77	62691.28	39267.97	3263.05	124459.11
	未利用地	688.30	36131.46	171.71	53713.46	768149.90	664.26	859519.90
	耕地	43.29	9.58	166.76	12974.72	9744.24	8015.85	30954.44
	总计	53885.91	73543.30	1682.17	131575.95	820257.11	12196.42	1093141.68

2000—2018 年,大量未利用地转向了水域,转移量为 3.30×10^4 hm²,这与该时期艾比湖流域实施生态恢复有较大关系。林地增加的面积主要来自未利用地和草地,转移量分别为 2.87×10^4 hm² 和 1.87×10^4 hm²。建设用地的扩大主要是未利用地的转移,转移面积为 0.48×10^4 hm²。未利用地向其他土地利用类型都有所转移,转向草地的最多,有 9.95×10^4 hm²;其次是转向耕地的 6.62×10^4 hm²(表 3-5)。

表 3-5 2000—2018 年研究区土地利用转移矩阵

土地利用类型		2000 年面积/hm²						
		水域	林地	建设用地	草地	未利用地	耕地	总计
2018 年面积/hm²	水域	53754.40	1.47	2.63	824.39	32983.31	43.15	87609.35
	林地	1.09	17929.70	—	18745.62	28673.26	2.04	65351.71
	建设用地	67.12	—	2030.33	2881.55	4775.72	2522.55	12277.27
	草地	182.13	1856.75	261.10	69301.51	99473.75	3029.16	174104.40
	未利用地	754.40	523.98	130.41	13508.48	627433.20	2545.14	644895.61
	耕地	161.19	—	546.91	19163.28	66223.46	22807.50	108902.34
	总计	54920.33	20311.90	2971.38	124424.83	859562.70	30949.54	1093140.68

1990—2018 年,各类土地利用之间都有不同程度的相互转移。3.44×10^4 hm² 的未利用地转为水域、1.42×10^4 hm² 的未利用地转为林地、0.68×10^4 hm² 的未利用地转为建设用地、8.91×10^4 hm² 的未利用地转为草地、7.44×10^4 hm² 的未利用地转为耕地,未利用地面积逐渐减少。与此同时,也有 1.93×10^4 hm² 的林地转出为未利用地、1.21×10^4 hm² 的林地转出为草地,2.13×10^4 hm² 的草地转出为未利用地、2.58×10^4 hm² 的草地转出为耕地,0.13×10^4 hm² 的耕地转出为建设用地、0.13×10^4 hm² 的耕地转出为草地(表 3-6)。

表 3-6　1990—2018 年研究区土地利用转移矩阵

土地利用类型		1990 年面积/hm²						
		水域	林地	建设用地	草地	未利用地	耕地	总计
2018 年面积/hm²	水域	52559.60	149.69	0.45	549.74	34352.00	6.50	87617.98
	林地	1.67	41509.60	0.00	9373.58	14234.10	0.05	65119.00
	建设用地	54.20	2.44	1396.75	2852.00	6766.12	1277.03	12348.54
	草地	225.44	12147.80	110.80	70750.70	89115.32	1289.27	173639.33
	未利用地	807.59	19342.90	50.22	21263.80	602840.00	881.07	645185.58
	耕地	231.04	29.17	151.31	25839.10	74398.50	8581.28	109230.40
	总计	53879.54	73181.60	1709.53	130628.92	821706.04	12035.20	1093140.83

综上,1990—2018 年间研究区内建设用地和耕地面积急速扩张,大量的未利用地转为草地、耕地、水域和林地;草地向耕地、未利用地和林地都有较多的转移;林地主要转向了草地和未利用地;耕地转为草地和建设用地。

第四章　土地利用显在冲突时空格局分析

　　作为同一空间层级的利益相关者,土地利用显在冲突是区域发展过程中,各主体之间利益诉求的空间外在化的表现,并往往是以一种显著的、激烈的形式表现出来。本研究以精河县为研究靶区,以 1990 年、2000 年和 2018 年中三个时段的 Landsat 遥感影像为数据源,基于对土地利用冲突指数分布情况和数量的研究,确定土地利用冲突指数的时空变化规律。同时,科学判别土地利用冲突类型,为相应部门制定绿洲土地利用总体规划的相关政策及决策提供科学方法和参考建议,以缓解研究区绿洲土地利用的空间冲突,保证生态环境质量的稳定发展。

第一节　土地利用显在冲突评价

一、土地利用空间评价单元及评价时段划分

(一)评价单元划分

　　在关于"土地利用冲突"评价的研究上,一般选择的评价单元是行政区。事实上,由于这种单元选择所反映的结果单一,仅能代表该行政区冲突水平,在一定程度上割裂了原有的地表自然地理联系。因此,本研究选择以独立划分的空间格网作为土地利用空间冲突的评价单元,从而更多关注土地利用空间冲突的空间异质性这一基本特征,并充分保证单元内土地类型的结构与变化过程的完整性,避免研究区域的空间单元过于破碎化。

具体而言,将使用压力-状态-响应模型(Pressure-State-Response,PSR),对每个格网进行土地利用冲突指数计算,从而得到每个格网的独立数据。在此基础上,将格网数据空间可视化,并最终获得整个区域的研究成果。在格网尺度选择上,综合考虑数据类型、空间数据分辨率和软件计算能力等因素,通过反复模拟实验并参考相关文献(张珊珊,2019),最终确定采用等间距法采样,以 2 km×2 km 的空间格网对土地利用空间冲突单元进行划分,研究区共分为 2914 个土地利用空间冲突评价单元(图 4-1)。

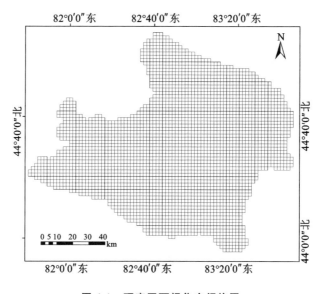

图 4-1 研究区可视化空间格网

(二)评价时段划分

研究所使用的遥感数据包括 1990 年 10 月 Landsat-5 获取的 TM 影像、2000 年 9 月 Landsat-5 获取的 TM 影像和 2018 年 6 月 Landsat-8 获取的 OLI、TIRS 影像。选择此三个时段的主要原因在于,20 世纪 90 年代初,精河县进入社会、经济及人口快速发展的时期,区域内耕地、林地和草地之间存在较多的相互转换。同时,该时段生产力水平的提高和开荒力度的加大导致耕地面积迅速扩大。因此,1990 年和 2000 年的影像能够反映出精河县土地利用类型相互变化的特征。自

2000 年后,精河县城市建设和农业发展持续提速,但在国家实施建立艾比湖自然
保护区及天然林保护等政策后,已逐步进入合理增长轨道。

二、土地利用空间冲突测度模型构建

(一)土地利用空间冲突模型构建

基于 PSR 模型构建精河县土地利用冲突强度的测度体系,用来评价区域土地
利用空间冲突的严重程度(官冬杰等,2019),并分析土地利用系统对生态风险的
压力(风险源)、土地资源内部类型的结构状态(风险受体)和土地利用生态的响应
(风险效应)(图 4-2)。

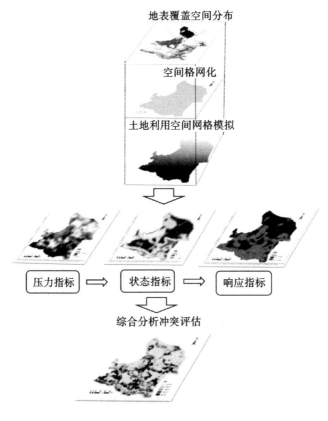

图 4-2 PSR 模型逻辑框架

参考学者张霖静(2018)相关研究,PSR 模型中的压力指标、状态指标、响应指标及综合强度的参数代码见表 4-1。

表 4-1　PSR 相关参数符号表示

名称	压力指标	状态指标	响应指标	综合强度
符号	LU_{AWMPFD}	LU_{FI}	LU_{SI}	LU_{CI}
符号含义	景观干扰度指数	景观脆弱度指数	景观稳定性指数	土地利用空间冲突综合指数

(二)土地利用空间冲突模型参数计算

1. 景观干扰度指数

面积加权平均斑块分形指数(AWMPFD),通常用来描述景观干扰度指数中景观结构的复杂程度。对于土地利用来说,斑块的土地分形维数、相同面积的周长、边界的复杂程度以及相邻斑块的接触面积等因素都会影响斑块受干扰的强度和功能转移的可能性大小,同时斑块受干扰的强度和功能转移可能性的大小与这些因素成正比。

一般情况下,AWMPFD 与斑块地形的复杂程度变化成正比,其最大值为 2,最小值为 1。当 AWMPFD 值为 1 时,表示斑块形状可能为矩形或者圆形,其他情况下 AWMPFD 值都大于 1。土地利用景观格局中不同土地利用类型之间互相干扰的程度可采用景观干扰度指数(LU_{AWMPFD})进行量化计算。公式(4-1)和公式(4-2)分别给出了 AWMPFD 和 LU_{AWMPFD} 的计算方法:

$$AWMPFD = \sum_{i=1}^{m} \sum_{j=1}^{n} \left[\frac{2\ln(0.25P_{ij})}{\ln a_{ij}} \left(\frac{a_{ij}}{A} \right) \right] \tag{4-1}$$

$$LU_{AWMPFD} = \frac{AWMPFD - AWMPFD_{min}}{AWMPFD_{max} - AWMPFD_{min}} \tag{4-2}$$

式中,斑块的周长和面积分别用 P_{ij} 和 a_{ij} 表示。

2. 景观脆弱度指数

景观脆弱度指数(LU_{FI})用来表示当前土地利用格局中,不同土地利用类型受到外界干扰时表现出的本质属性。为强调干扰下的土地利用类型生态效益损失程度,本研究根据学者秦坤(2017)的研究成果及研究区情况,对建设用地、未利用地、水域、耕地、草地、林地这六种类型的土地进行生态风险系数赋值,依次为6、5、4、3、2、1。研究区景观脆弱度指数(LU_{FI})的计算方法如公式(4-3)、公式(4-4)所示。需要指出的是,该值越大表明该区域在外部压力的影响下生态能力损益越高、破坏程度越明显,随之发生生态灾害的可能性也越大。

$$FI = \sum_{i=1}^{n} F_i \times \frac{a_i}{A} \tag{4-3}$$

$$LU_{FI} = 1 - \frac{FI - FI_{min}}{FI_{max} - FI_{min}} \tag{4-4}$$

式中,a_i、F_i、n 分别表示系统内各土地类型的面积、土地利用类型 i 的生态风险系数、土地利用系统包含的土地类型数量。因本研究区的土地类型为 6 种,故 $n=6$。

3. 景观稳定性指数

景观稳定性指数(LU_{SI})一般选用景观破碎度(PD)的倒数进行计算,以此使得 LU_{SI} 与土地类型稳定性成反比,PD 和 LU_{SI} 的计算如公式(4-5)、公式(4-6)所示:

$$PD = \frac{n_i}{A} \tag{4-5}$$

$$LU_{SI} = 1 - \frac{PD - PD_{min}}{PD_{max} - PD_{min}} \tag{4-6}$$

式中,PD、n_i、A 分别表示土地类型的破碎度、系统内各土地类型的斑块数目、土地系统总面积。

(三)土地利用空间冲突指标权重及测度方法

为了尽量保证研究的可靠性和指导性,经过查阅相关文献,各个评价指标的计算采用了等权重法(白永杰,2017)。其中,土地利用空间冲突综合指数(LU_{CI})的计算如公式(4-7)所示:

$$LU_{CI} = \frac{1}{3} LU_{AWMPFD} + \frac{1}{3} LU_{FI} - \frac{1}{3} LU_{SI} \tag{4-7}$$

根据相关理论,生态环境灾害发生的可能性不仅与土地利用空间冲突的强度成正比,还与灾害隐含的经济损失成正比。同时,从以上公式可以看出,不同指标对土地利用空间冲突存在正、负两个效用。其中,景观脆弱度指数和景观干扰度指数的升高会加剧冲突,故为正向冲突指标;景观稳定性指数的升高会降低冲突,故为负向冲突指标。

(四)土地利用空间冲突等级划分

以总分频率曲线为依据,对土地利用空间冲突等级和强度指数进行分级,将土地利用空间冲突按重度、中度、一般、轻度、稳定可控划分为五个等级,各等级的取值范围依次为 0.65～1、0.57～0.65、0.49～0.57、0.42～0.49、0～0.42。

其中,稳定可控类型是在研究区域中,能够稳定控制其安全发展并发挥生态意义和价值的部分;轻度冲突类型是已经发生冲突但趋势向好,状态基本可控;一般冲突类型、中度冲突类型和重度冲突类型,则表示土地利用冲突已经开始显现,且排列越是靠后情况越严重,因此在一般冲突阶段应该积极采取预防措施,避免冲突进一步加剧给经济和生态造成巨大的损害。

三、土地利用冲突空间分析方法

(一)全局自相关分析

为了进一步分析研究不同土地冲突单元在空间分布上的异质性,本研究利用全局自相关指数来计算不同级别土地利用空间冲突综合指数评价单元的空间自相关性,计算公式如下。

$$I = \frac{n \sum\limits_{i=1}^{n} \sum\limits_{j=1}^{n} W_{ij}(x_i - \overline{x})(x_j - \overline{x})}{\sum\limits_{i=1}^{n} \sum\limits_{j=1}^{n} W_{ij} \sum\limits_{i=1}^{n}(x_i - \overline{x})^2} \tag{4-8}$$

式中,n 和 x 分别表示冲突单元总数及冲突平均值、x_i 表示位置 i 处冲突值,x_j 表示位置 j 处冲突值,W_{ij} 表示空间权重矩阵。

（二）局部自相关分析

采用 Getis-OrdG* (简称 G_i^*)指数探测区域冷热点分布状况,共计算公式如下。

$$G_i^*(d) = \frac{\sum_{i=1}^{n} \boldsymbol{W}_{ij}(d)x_i}{\sum_{i=1}^{n} x_i} \tag{4-9}$$

式中,$\boldsymbol{W}_{ij}$ 为空间权重矩阵;x_i 为 i 的样本值,当 $G_i^*(d)$ 值为正数时,表明 i 地区高值集聚,即是热点区域。反之,则为冷点区域。

第二节　土地利用显在冲突分量指数分析

通过分别计算,可得到每个格网的景观干扰度指数、景观脆弱度指数和景观稳定性指数。将各指数赋值到格网点文件中,利用 ArcGIS 中的空间分析工具,对研究区 1990 年、2000 年和 2018 年中三个时段、2914 个格网区进行克里金插值,可得到研究区三个时段土地利用冲突指数分布图。

一、景观干扰度指数分布

总体而言,三个时段的景观干扰度指数空间分布差异明显(图 4-3),景观干扰度指数高值区(黑色)与林地、草地和平原绿洲区域分布一致,低值区(白色)则主要分布在未利用地和艾比湖湖区。景观干扰度所反映的空间特征,也表明了平原绿洲和南部山地景观受到的干扰程度较大,未利用地所受干扰程度较小。其中,1990 年土地利用承受压力面积集中,且压力较小,指数变化范围在 1~1.228;2000 年土地利用承受压力面积发生较大的变化,且压力变大,指数变化范围在1~1.240;2018 年土地利用压力面积快速增加、变化剧烈,压力变化范围在 1~1.202。

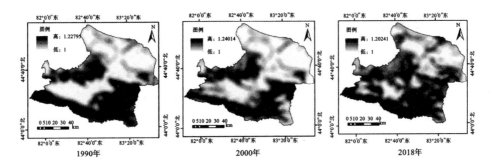

图 4-3　景观干扰度指数空间分布

二、景观脆弱度指数分布

采用赋值的方法,得到研究区三个时段景观脆弱度指数空间分布结果(图 4-4)。1990 年研究区的景观脆弱度指数范围在 1～5.22;2000 年研究区的景观脆弱度指数范围在 1～5.00;2018 年研究区的景观脆弱度指数范围在 1.25～6。

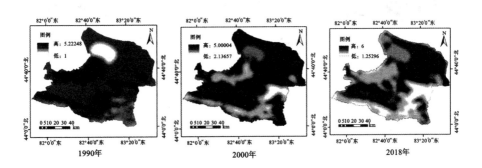

图 4-4　景观脆弱度指数空间分布

可以发现在整个研究期内,生态效应损失(白色低值区)程度高的面积逐渐增加,2000 年和 2018 年间平原绿洲区出现低值,这与该区域城市发展、耕地扩张导致土地生态功能脆弱息息相关;景观脆弱度指数较高(黑色高值区)的区域逐渐得到缓解,这与艾比湖湿地实施生态保护、生态输水及土壤荒漠化、沙化治理有关。

三、景观稳定性指数分布

根据 PSR 模型,利用景观稳定性来表示景观单元的空间稳定性,即空间响应指数。空间响应指数所反映的能力,是一种对生态灾害的扩散能力。当空间结构稳定性比较高的时候,生态效益高的土地类型也趋于稳定状态,从而减少了向生态效益低的土地类型发展和扩散。也就是说,土地利用单元的空间越呈现整体性,稳定性越高,形成的空间冲突越少。由图 4-5 可知,1990 年高值区(黑色)的未利用地及水域稳定,低值区(灰色)主要出现在建设用地及山区林地、草地,指数变化范围在 0.9974～1;2000 年区域景观稳定性指数变化较小,研究区整体指数变化在 0.9998～1;2018 年指数变化剧烈,其变化范围在 0.5196～0.9975,大面积区域空间较不稳定,景观破碎。

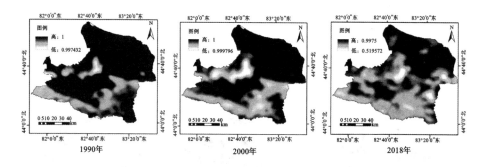

图 4-5　景观稳定性指数空间分布

第三节　土地利用显在冲突分类及诊断结果分析

一、土地利用冲突变化总体特征

土地利用空间冲突测度结果表明:1990 年,精河县大部分区域属于稳定可控类型,在平原绿洲和南部山区达到显著失调等级;至 2000 年,精河县土地利用冲突在空间上发生了很大的变化,该时段内研究区仅有艾比湖湖区为稳定可控状态,其余大部分属于轻度冲突类型,有个别区域处于重度冲突等级;2018 年各评价单元大部分属于稳定可控和轻度冲突类型,但依旧有部分单元处于中度冲突等级,甚至重度冲突等级。总的来说,与 2000 年相较,2018 年区域内轻度冲突和一般冲突都有转向稳定可控类型的趋势(图 4-6)。

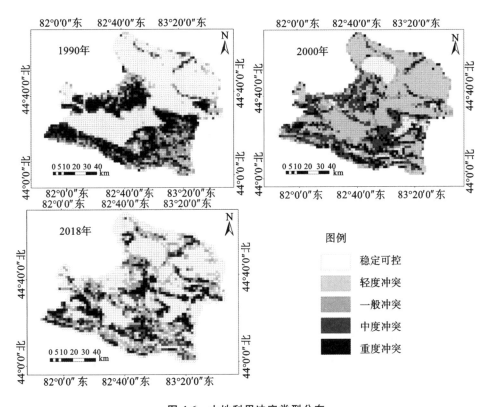

图 4-6　土地利用冲突类型分布

二、土地利用冲突动态变化

1990 年、2000 年、2018 年三个时段土地利用冲突综合测度值计算结果如表 4-2所示。

表 4-2　1990 年、2000 年、2018 年土地利用冲突综合测度值计算结果

年份	稳定可控		轻度冲突		一般冲突		中度冲突		重度冲突	
	评价单元个数	占比/（%）	评价单元个数	占比/（%）	评价单元个数	占比/（%）	评价单元个数	占比/（%）	评价单元个数	占比/（%）
1990	1375	47.19	243	8.34	332	11.39	404	13.86	560	19.22
2000	201	6.90	1271	43.62	507	17.40	623	21.38	312	10.71
2018	1320	45.30	426	14.62	468	16.06	375	12.87	325	11.15

表 4-2 显示,1990 年研究区内的稳定可控和轻度冲突类型土地面积占总面积的 55.53%,主要发生在地表类型比较单一的区域,该区域人类干扰较低,景观连续性强,冲突强度较低;2000 年,稳定可控类型土地面积所占比重从 1990 年的 47.19% 急剧减少至 6.90%,2018 年又增加至 45.30%;轻度冲突类型土地面积比例在 2000 年大幅度增加,而后又在 2018 年跌落至 14.62%。

一般冲突类型土地所占比重较低,1990—2000 年间呈增加趋势,由 11.39% 上升到 17.40%,2000—2018 年间下降了 1.34 个百分点,由于此类型变化量不大,故对研究区域仅存在较小影响。

中度和重度冲突类型土地主要分布于绿洲边缘和林地、草地,占比较大。其中,重度冲突所占比重在 1990 年最大,但 2000—2018 年间仅有 13 个评价单元增加,说明重度冲突得到了有效的控制。中度冲突作为重度冲突的潜在来源,会严重影响土地利用的生态安全。研究区域,中度冲突从 1990 年的 13.86% 增加到了 21.38%,到 2018 年再减少至 12.87%,呈先增后减趋势。

第四节 不同土地利用显在冲突类型分析

一、重度冲突类型分析

1990—2018 年土地利用重度冲突类型中各类用地分布及占比分别见图 4-7、图 4-8。

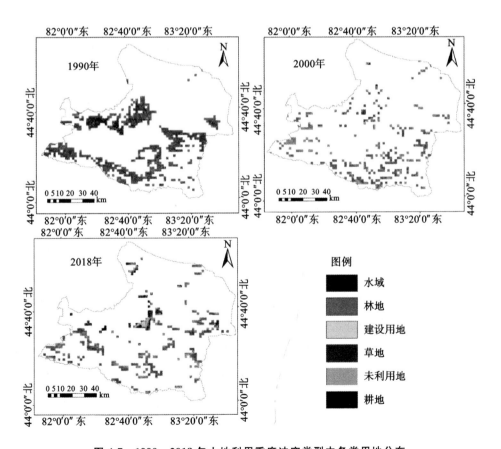

图 4-7 1990—2018 年土地利用重度冲突类型中各类用地分布

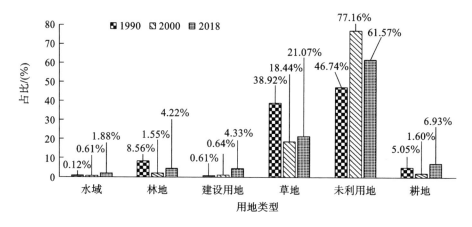

图 4-8　1990—2018 年土地利用重度冲突类型中各类用地占比

在重度冲突类型中,未利用地与草地占比最高,这是因为这两种用地类型本身面积较大,而林地、耕地和建设用地占比较低。研究期内,未利用地的占比先增加了 30.42 个百分点,后又减少了 15.59 个百分点;草地在 1990 年占比为38.92%,至 2000 年变化较大,减少了 20.48 个百分点;林地和耕地在 1990—2000 年间都分别降低了 7.01 个百分点和 3.45 个百分点,2000—2018 年有部分的回弹现象;建设用地的比重前期较为稳定,后期大幅增加。

二、中度冲突类型分析

图 4-9 显示,研究区 1990 年中度冲突区主要位于平原绿洲未利用地与草地相互交错区域,以及东南部山区林地、草地和未利用地生态脆弱区;2000 年,平原绿洲区的中度冲突区面积增加,南部山区则向荒漠边缘蔓延;2018 年,原有绿洲冲突部分进一步减少,主要分布于绿洲区边缘。

图 4-10 显示,在中度冲突类型土地中,未利用地与草地占比最大。这是因为中度冲突区与重度冲突区往往存在着交错分布。未利用地在 1990—2000 年先增加了 36.83 个百分点,后减少了 18.37 个百分点;草地在 1990 年所占比重为42.38%,到 2000 年减少了 24.05 个百分点;林地由 1990 年的 10.18% 降低至2000 年的 1.47%,2018 年占比又增加至 6.72%;耕地占比在 2018 年最大,这与该时期耕地面积扩张息息相关。

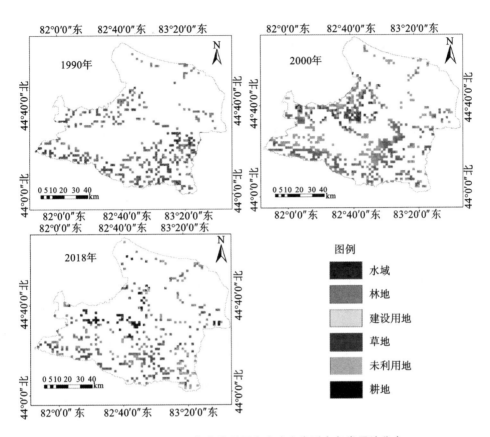

图 4-9　1990—2018 年土地利用中度冲突类型中各类用地分布

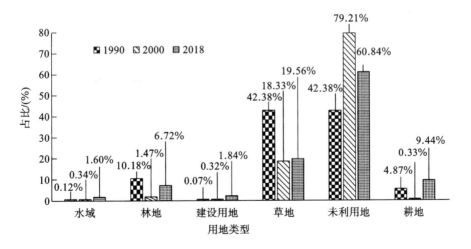

图 4-10　1990—2018 年土地利用中度冲突类型中各类用地占比

三、一般冲突类型分析

图 4-11、图 4-12 显示,1990 年,一般冲突区域中未利用地占比为72.19％,其次是林地、草地,分别为 17.61％和 9.77％,其余占比均低于 0.5％;2000 年,一般冲突区域中水域主要增加在艾比湖湖区边缘,草地和耕地占比增加幅度较大,分别为 5.39 个百分点和5.21 个百分点,林地则减少 15.2 个百分点;2018 年,水域在一般冲突区域中的占比增加,主要发生在艾比湖湿地,未利用地比重较上一研究期大幅度减少,草地和耕地大幅度增加。

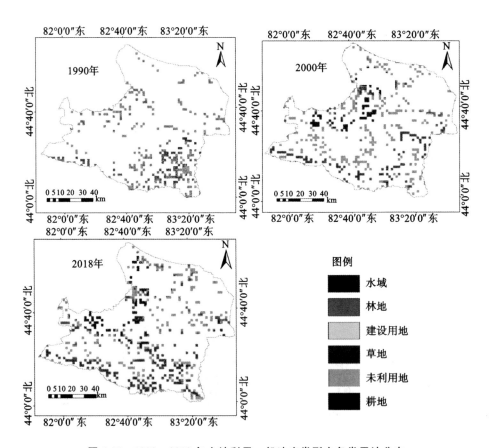

图 4-11　1990—2018 年土地利用一般冲突类型中各类用地分布

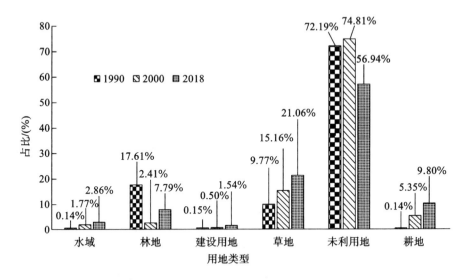

图 4-12　1990—2018 年土地利用一般冲突类型中各类用地占比

四、轻度冲突类型分析

图 4-13 显示,1990 年轻度冲突区零星分布且面积较少;2000 年,研究区北部大面积未利用地呈现出轻度冲突;2018 年,轻度冲突区分布较为破碎且主要出现在湖区边缘、绿洲耕地草地交错区、高海拔草地和类型单一的未利用地中。

图 4-14 显示,1990 年除未利用地外,林地发生轻度冲突的比例最高,为11.13%;2000 年,未利用地是轻度冲突区在该时期内最为主要的土地类型,其次是草地和耕地,分别为 3.74% 和 2.10%;2018 年,轻度冲突区中未利用地面积所占比重大幅度下降,耕地、草地占比增加。

五、稳定可控类型分析

图 4-15、图 4-16 显示,1990—2018 年稳定可控类型面积中未利用地和水域占

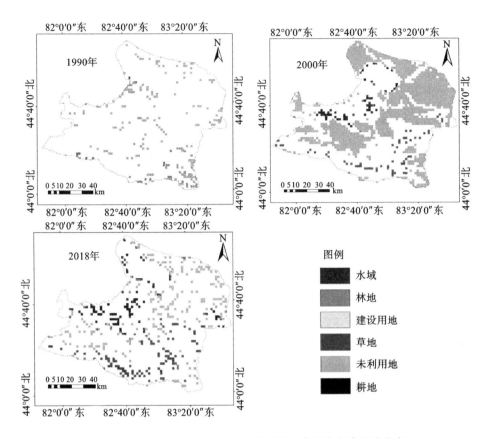

图 4-13 1990—2018 年土地利用轻度冲突类型中各类用地分布

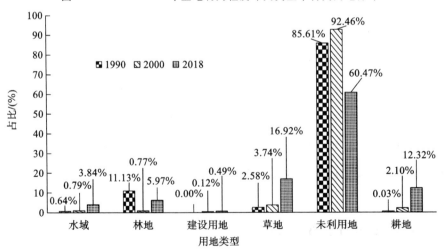

图 4-14 1990—2018 年轻度冲突类型中各类用地占比

比和波动都较大,未利用地由 1990 年的 75.62％大幅度减少到 2000 年的7.19％,2018 年又回升至 57.94％;艾比湖湖区则由于各项生态保护措施的实施,水域稳定面积逐渐增大。研究期间耕地在稳定可控类型中的比重大幅度提升,2018 年绿洲出现大面积稳定可控类型耕地。1990 年和 2000 年该冲突类型中林地和草地占比甚微,直到 2018 年在东南部山前平原才出现部分可控面积。而稳定可控类型面积中建设用地占比几乎为零。

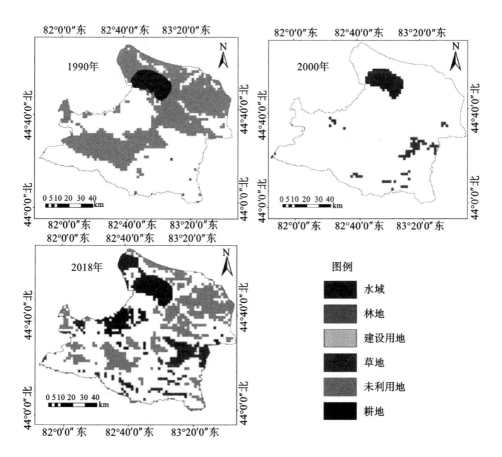

图 4-15　1990—2018 年土地利用稳定可控类型中各类用地分布

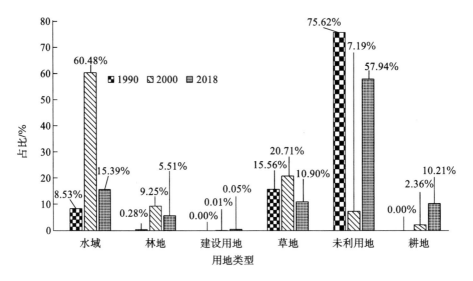

图 4-16　1990—2018 年土地利用稳定可控类型中各类用地占比

第五节　土地利用显在冲突空间异质性分析

一、全局自相关分析

为了探究土地利用显在冲突的空间聚集效应,本研究利用 Geoda 软件计算了研究区全局自相关指数 Moran'I。虽然在正态分布假设下,研究区 1990 年、2000 年和 2018 年的 Moran'I 指数全部为正,分别为 0.809、0.554 和 0.507,Moran'I 指数检验结果高度显著,且 P 值均为 0.001(表 4-3),表明研究区土地利用冲突水平总体上趋于空间集聚。但由于 Moran'I 指数呈现明显下降趋势(图 4-17),因此也意味着空间集聚性在降低。具体而言,大部分冲突集中分布在第一象限和第三象限,只有较少的异常值分布于第二象限和第四象限,整体呈现高-高值聚集分布以及低-低值聚集分布特征。

表 4-3　研究区土地利用冲突的 Moran'I 指数

年份	Moran'I	Z 值	P 值
1990	0.809	86.0159	0.001
2000	0.554	59.2478	0.001
2018	0.507	53.4451	0.001

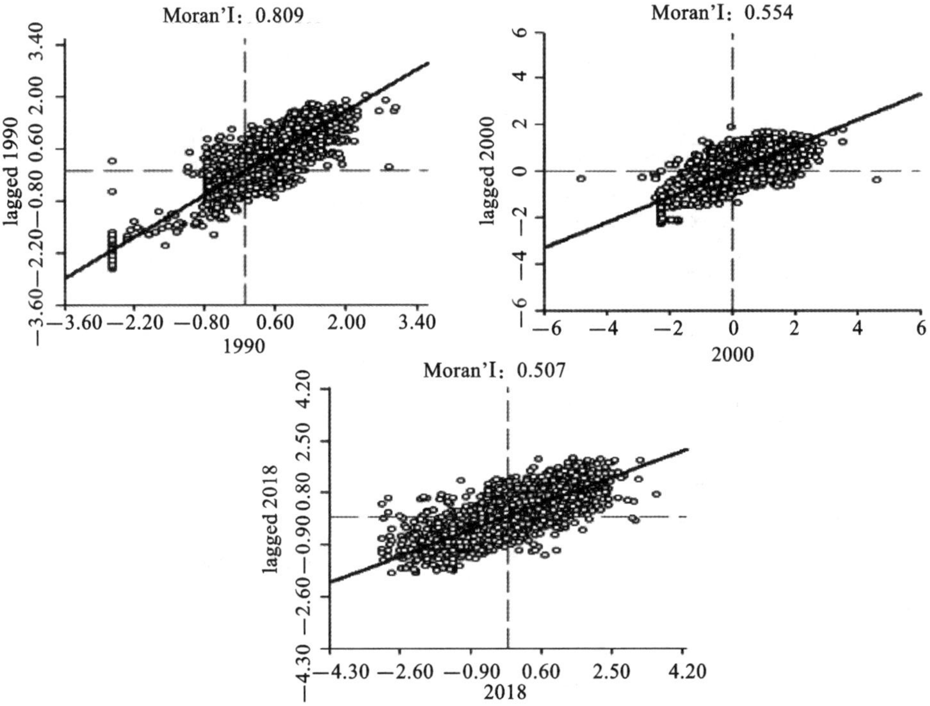

图 4-17　土地利用冲突指数全局自相关

二、局部自相关分析

利用 Jenks 算法,本研究进一步分析了研究区土地利用冲突的局部空间差异性。图 4-18 显示,1990—2018 年该区域冷点区呈斑状增加,热点区、次热点区及次冷点区逐渐减少,温和区面积不断扩大。具体而言,1990 年冷点区主要位于艾比湖湖区,次冷点区多以荒漠为主,热点区位于绿洲城市区及耕地等人类活动集中区域,次热点区分布在热点区域周围;2000 年,冷点区依旧位于艾比湖湖区,热点区域减少且主要位于南部山地;2018 年大部分的评价单元为温和区,冷点区主要是在艾比湖自然保护区内及东南部山麓,热点区域更多地出现在城区范围及林地、草地与未利用地的过渡地带。

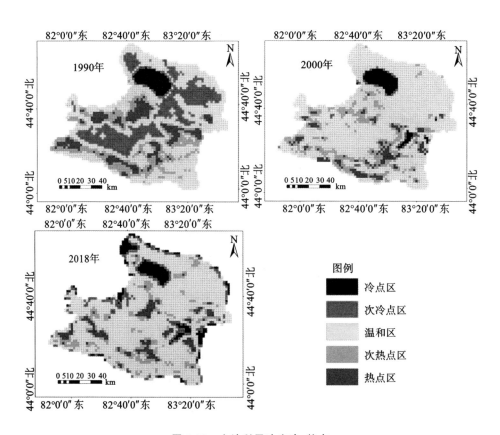

图 4-18　土地利用冲突冷、热点

出现上述冷热点变化的原因,主要与 1990—2018 年研究区建设用地和耕地面积加速扩展,草地和水域在各项保护措施下得以恢复等因素有关。也就是说,1990—2000 年面积减少的土地类型为林地和草地,耕地和建设用地则逐年增加。2000—2018 年该区域采取了退耕还林还草措施,启动了天然林保护项目、艾比湖生态治理及输水工程,使这一区域的林地、草地和水域面积增加。

第五章　土地利用潜在冲突分析

土地利用冲突的发生机制表明,土地资源的多目标适宜性和土地供给的有限性是土地利用冲突产生的根本原因,而人口及其需求的增长则是土地利用冲突发生与发展的主要驱动力。由于在土地利用时只考虑了短时间内的效益,没有预测到未来可能存在的土地利用冲突,并形成应对土地利用冲突的合理方案,从而最终导致土地沙化、荒漠化,影响整个绿洲生态环境和绿洲的稳定性,进而引发一系列社会、生态问题。对土地利用潜在冲突的判别和预防进行研究,可以为绿洲稳定可持续发展提供决策支持。本研究通过土地利用潜在冲突识别策略(Land Use Conflict Identification Strategy,LUCIS)模型的构建,模拟并分析了精河流域绿洲化过程中潜在的土地利用冲突(图 5-1)。作为目标驱动的 GIS 模型,LUCIS 将未

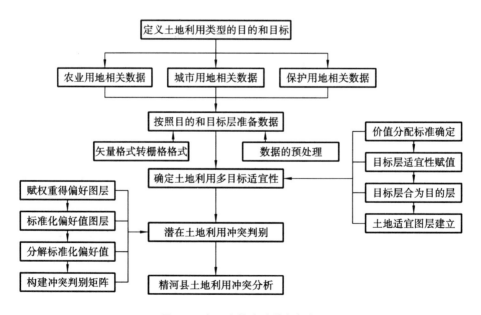

图 5-1　本研究技术路线与框架

来土地利用可能出现的空间模式分为 10 类:①已存在的保护用地;②已存在的城市用地;③已存在的农业用地;④优选用于未来农业用地的区域;⑤优选用于未来保护用地的区域;⑥优选用于未来城市用地的区域;⑦未来农业用地和保护用地可能发生冲突的区域;⑧未来农业用地和城市用地可能发生冲突的区域;⑨未来城市用地和未来农业用地可能发生冲突的区域;⑩未来农业用地、未来保护用地和未来城市用地可能发生冲突的区域。

第一节 土地利用潜在冲突识别模型

一、确定土地利用类型

LUCIS 模型中的土地利用类型是以 Odum(1969)的区划模型为基础建立的。Odum 的区划模型将土地利用类型分为生产性用地、保护性用地、妥协性用地和城市/工业性用地四类。但 LUCIS 模型在其基础上将土地利用类型合并为三类,即农业用地、保护用地和城市用地(表 5-1)。原因在于:第一,三个类别之间的对比较四个类别之间的对比,效果会更为显著,即可以最大化类别之间的对比度;第二,这三个类别与实际土地利用更为密切。

表 5-1 **LUCIS 模型中的土地利用类型和 Odum 的区划模型对比**

Odum 的区划模型土地利用分类	LUCIS 模型中的土地利用分类
生产性用地	农业用地:生产食物、能源的土地
保护性用地	保护用地:有关环境的重要土地
妥协性用地	
城市/工业性用地	城市用地:支持相对强烈的人类活动的土地

（一）农业用地

农业用地是 Odum 的生产类别的直接相关因素,并且在大部分研究中被设定为包含私有土地。由于我国所有土地是公有的,所以本研究中的农业用地界定为所有与农业相关的公有土地。

（二）保护用地

保护用地是 Odum 的保护性用地和妥协性用地类别的结合,并且被设定为包含以保护为目的的公共土地和私人拥有土地,其未来的发展永久地受到地役权或契约限制。本研究中将其对应为研究区内的保护区。另外,由于 Odum 的妥协性用地是指可用以生产但产量很低的土地,因此在干旱区,从生态意义上考虑可以将其归为保护用地。

（三）城市用地

城市用地是与 Odum 的城市/工业性用地同等意义的类别,被设定为除了保护用地和农业用地以外的土地。

二、确定适宜性标准的层次目的和目标

目的和目标是一组按层级设定的陈述,首先定义要完成或达到什么,即目的(Goals),其次定义每个目的是如何被支持完成和实现的,即目标(Objectives)。目的和目标被广泛用于计划和设计中,有时甚至需要第三或第四层级来支持陈述,LUCIS 模型适宜性标准的层级结构如图 5-2 所示。图中,椭圆表示需输入有权重组合的数据。

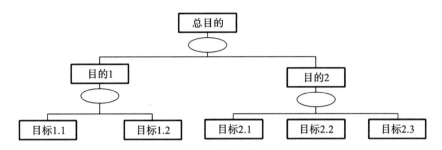

图 5-2　LUCIS 模型适宜性标准的层级结构

三、确定土地利用适宜图层

（一）空间运算单元

1. 像元运算级别

由于模型空间运算主要基于栅格像元进行,因此需要对参与运算的像元根据参数属性进行类别定义。按精度顺序从低到高分别为:名词级、顺序级、区间级和比率级。具体而言,名词级用于对对象进行区分或分类;顺序级除了可以区分对象,还可以将对象进行排序;区间级除了能掌握对象类别的顺序,还能知道它们之间的差距,其数字可进行加、减运算;比率级作为测量级别中的最高级别,可进行加、减、乘、除运算(表 5-2)。

表 5-2　LUCIS 模型中像元运算类型的异同及特征

像元类型	表示方法	级别内关系	特征	可参与运算
名词级	数字或符号	同等	可区分对象	—
顺序级	数字或符号	同等,顺序大小	可区分对象,且排列顺序	—
区间级	数字	同等,顺序大小,间距	具有顺序级所有特征,且间距相等	加、减

续表

像元类型	表示方法	级别内关系	特征	可参与运算
比率级	数字	同等,顺序大小,间距,任意对象间的关系	具有区间级所有特征	加、减、乘、除

对 LUCIS 模型而言,像元运算级别之所以很重要,是因为运用 GIS 建模分析时,必须保证各参数被定义为正确的测量级别。上述四个级别中,只有区间级和比率级的数据可以直接参与栅格数据的数学运算。如果名词级和顺序级数据需要参与运算,则需要提前将其转化为区间级或比率级数据。

2. 像元运算规则

(1) 优势规则(Dominant rule)。

优势规则用于在相同空间位置上找到的、优选于所有其他值的单个值(主导值)的选择,其具体包括以下两种情形。

第一种是筛选排除情形。假设三个外部条件图层,运算中筛选排除的条件是:条件图层 1 中的各栅格属性值≥7,或者条件图层 2 中各栅格属性值≥4,或者条件图层 3 中各栅格属性值=2。如果输入的三个条件图层所对应的栅格单元中,满足上述外部图层条件中的任一查询,则结果图层的对应栅格单元将被赋值为 1,反之则被赋值为 0(图 5-3)。

第二种是按序排除情形。将栅格数据加在一起,然后用预定义的适宜性方案进行排序(如 1~9),在排除高于或者低于取值方案的值后,组合创建成结果图层。例如,栅格 1 是空间距离排序(距离上班单位的远近),栅格 2 是房租的排序,若综合这两个因素试图找寻出适合居住的数据,则结果图层中的"∗"表示是被排除的数据(图 5-4)。

(2) 贡献规则(Contributory rule)。

结果图层单元的属性,仅由输入图层对应栅格值对结果的影响大小决定。确定输入数据对结果的影响贡献率大小分为两种情形:一是基于名词级数据,用于统计影响适宜性结果的正向指标数量;二是加权情形,即将各影响因子图层中的像元值按重要性赋予权重值后求和(图 5-5)。

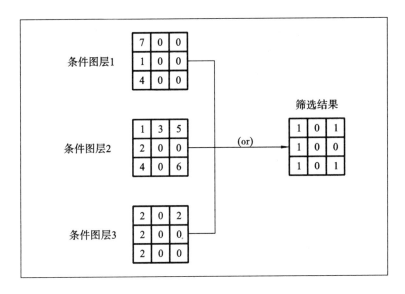

图 5-3 优势规则——筛选排除

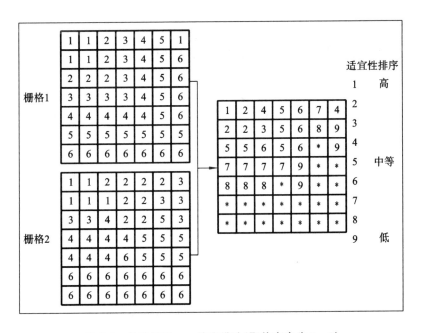

图 5-4 优势规则——按序排除（取值方案为 1~9）

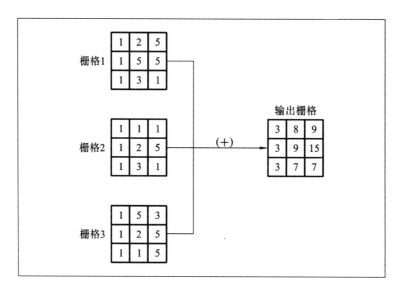

图 5-5 贡献规则(加权规则)

(二)土地利用类型图层的适宜性效用值分配

为三种土地利用类型图层的适宜性分配效用值,即对图层赋值。赋值范围为1～9,其中 1 代表最低、9 代表最高。效用值的分配过程具体分为以下两种。

1. 单个效用值分配

在一个单独的栅格图层中分配效用值,称为单个效用值分配(Single Utility Assignment,SUA)。因此,单个效用值分配也可以认为是创建 SUA。创建 SUA时,主要根据栅格的测量级别选择合适的排序策略,最后用栅格分类法完成赋值。在此过程中的排序策略分为区间级/比率级和名词级/顺序级两种。

(1)区间级/比率级排序策略。

由于图层数据已按区间划分,因此只需要将原始栅格值用 ArcGIS 的重分类工具转化为1～9 的属性值即可。

(2)名词级/顺序级排序策略。

名词级/顺序级排序策略通常有四种方法,即直接赋值、讨论赋值、修正特尔斐法赋值和成对对比法赋值。直接赋值是最简单的方法,建模者独自决定每个图层中特征值的有效性并对结果负责,但也是结果争议最多的方法。讨论赋值是通过相关专家和利益相关者投票方式去决定图层特征值的排序。修正特尔斐法赋值也需要依赖群组对赋值达成共识。成对对比法赋值是将层次分析法的结果转换成1~9的单个效用值,计算公式如下。

$$AHP_{TV} = ((SV - OMinSV)(NMaxV - NMinV)/(OMaxSV - OMinSV)) + 1$$

$$(5\text{-}1)$$

注:AHP_{TV} 为层次分析转换的值(AHP Transformation Value);SV 为样本值(Sample Value);MinSV 为最小样本值(Minimum Sample Value);NMaxV 为新最大值(New Maximum Value);NMinV 为新最小值(New Minimum Value);OMaxSV 为旧最大样本值(Old Maximum Sample Value);OMinSV 为旧最小样本值(Old Minimum Sample Value)。

2. 多个效用值分配

多个效用值的分配有两种情况:第一种是由多个 SUA 图层组合创建一个简单的多效用分配图层(Multiple Utility Assignment, MUA);第二种是由多个 MUAs 或者多个 MUAs 和 SUA 组合创建一个复杂的多效用分配图层。具体创建 MUA 的方法有以下三种。

(1)非成对加权法。

非成对加权法包括秩和、倒数排序和指数排序计算方法,分别如公式(5-2)、公式(5-3)和公式(5-4)所示。

$$w_j = (n - r_j + 1) / \sum (n - r_j + 1) \tag{5-2}$$

式中,w_j 表示加权逆秩和(weight inverse ranking /sum);r_j 表示排序;n 表示种类数。

$$w_j = (1/r_j) / \sum (1/r_j) \tag{5-3}$$

$$w_j = (n - r_j + 1)^\rho / \sum (n - r_j + 1)^\rho \tag{5-4}$$

式中,ρ 为 2。

（2）成对对比法。

成对对比法在创建 MUA 时,与创建 SUA 的不同点在于,不要求转换权重,即最终成对值就是最后的权重值。

（3）文献法。

文献法即在文献群中搜集和分析与研究目的相关的资料,通过比较和借鉴,对资料做出恰当的分析和使用。

在上述方法基础上,确定适宜性图层的过程可以概括为,先将多个与目标层对应的 SUA 图层进行叠置运算,从而得到与目的层对应的多个 MUAs 图层,再将目的层的多个 MUAs 通过叠置运算,得到最终适宜性 MUA（图 5-6）。

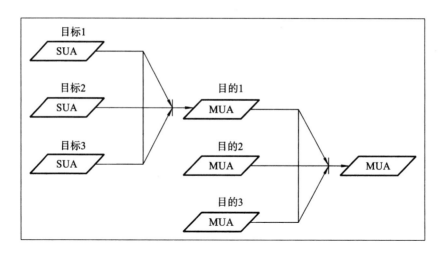

图 5-6　SUA 结合为 MUA 以及 MUAs 结合为 MUA

四、确定土地利用偏好

土地利用适宜性和土地利用偏好之间存在着细微而又重要的差别。土地利用偏好不是去定义某个特定的位置,而是在获取社区价值的同时,评估已经确定的位置或点。例如,洪水频发的土地位置对于区域发展而言应该视为适宜性较低的区位。然而,这个洪水频发的区位可能存在其他优势,如离铁路很近,而这就可能会增加管理者对发展这片区域的偏好。因为,对于区域发展而言,可能区位因素相对于自然因素而言更重要。毕竟基于便利的交通状况,是可以通过工程手段来填补洪水频发的弱势的。在此前提下,土地利用偏好值的确定也就决定了多个影响因子的贡献率权重值。LUCIS 模型中,会通过对各土地类型适宜图层中栅格单元权重值的确定,来最终创建各土地利用类型的土地利用偏好栅格图层。

在确定土地利用偏好权重值时,主要采用三种方式。第一,可以请利益相关者商讨协助决定目的层权重的大小,即决定偏好,但弊端是给出的权重可能并不客观。第二,采用分层抽样调查的方法,但时间成本较大。第三,采用文献法,相对于其他方法,此方法具有较强的灵活性。本研究主要采用第三种方式。

在土地利用偏好的确定过程中,栅格变化值虽被定义在 1~9 的范围内,但实际很少有完全达到 9(最适宜)的栅格区域,即很少有栅格在各个土地利用类型中对应的目的和目标都是最适合的,因此在比较土地利用偏好之前,首先必须进行标准化处理。具体方法是,用土地利用偏好每一个栅格值除以整个栅格矩阵中最大值,标准化的结果值为 0~1。之后,将土地利用偏好值分解为三个等级:高等偏好(3)、中等偏好(2)和低等偏好(1)。在此基础上,农业用地偏好值被分解为 100、200、300;保护用地偏好值被分解为 10、20、30;城市用地偏好值被分解为 1、2、3。

五、确定土地利用冲突

(一)移除土地利用属性长期不变的类型

对于一些土地性质已经明确且在未来一段时期不会改变的土地利用类型,如城市建成区、保护区等,需要在定义冲突之前将其移除。

(二)土地利用偏好映射

LUCIS 模型中,土地利用冲突的类型有农业用地、城市用地和保护用地 3 种,根据前文所述,农业用地偏好值被分解为 100、200、300;保护用地偏好值被分解为 10、20、30;城市用地偏好值被分解为 1、2、3。那么在将三个图层叠置时,每个栅格都拥有一个三位数的属性,如此就会产生 27 种三位数的可能,分别是:111、112、113、121、122、123、131、132、133、211、212、213、221、222、223、231、232、233、311、312、313、321、322、323、331、332、333。对这些三位数的逻辑理解是,百位上的数字代表农业用地偏好等级。例如,百位上的数字是 3,则说明此栅格作农业用地是高等偏好;百位上的数字是 2,则说明此栅格作农业用地是中等偏好;百位上的数字是 1,则说明此栅格作农业用地是低等偏好。十位上的数字代表保护用地偏好等级。例如,十位上的数字是 1,则说明此栅格作保护用地是低等偏好。个位上的数字代表城市用地偏好等级。例如,个位上的数字是 3,则说明此栅格作城市用地是高等偏好。因此,假如某一栅格值为 132,则它所表示的是农业用地低等偏好(百位上是 1)、保护用地高等偏好(十位上是 3)、城市用地中等偏好(个位上是 2)。

(三)土地利用冲突映射

1. 无冲突

三种土地利用偏好等级组合中,有任何一种土地利用偏好等级值高于其他两种土地利用偏好等级值时,都被称为无冲突。换而言之,三位数中有一个数大于其他两个数时,即可定义为无冲突。无冲突的组合编码有:112、113、121、123、131、132、211、213、223、231、232、311、312、321、322。这些无冲突组合可以细分为:农业用地偏好,即百位数大于十位数和个位数;保护用地偏好,即十位数大于百位数和个位数;城市用地偏好,即个位数大于百位数和十位数,组合如表 5-3 所示。

表 5-3　无冲突偏好组合到土地利用冲突的映射

编码	冲突类别描述 农业用地无冲突	编码	冲突类别描述 保护用地无冲突	编码	冲突类别描述 城市用地无冲突
211	农业用地高等偏好	121	保护用地高等偏好	112	城市用地高等偏好
311	农业用地高等偏好	131	保护用地高等偏好	113	城市用地高等偏好
312	农业用地高等偏好	132	保护用地高等偏好	123	城市用地高等偏好
321	农业用地高等偏好	231	保护用地高等偏好	213	城市用地高等偏好
322	农业用地高等偏好	232	保护用地高等偏好	223	城市用地高等偏好

2. 农业用地与城市用地冲突

三种土地利用偏好等级组合中,农业用地偏好等级等于城市偏好等级,且大于保护用地偏好等级,即三位数中百位数等于个位数,且都大于十位数,此时可定义为农业用地与城市用地冲突(表5-4)。

表5-4　农业用地与城市用地偏好组合到土地利用冲突的映射

编码	冲突类别描述
212	农业用地中等偏好与城市用地中等偏好冲突
313	农业用地高等偏好与城市用地高等偏好冲突
323	农业用地高等偏好与城市用地高等偏好冲突

3. 城市用地与保护用地冲突

三种土地利用偏好等级组合中,城市用地偏好等级等于保护用地偏好等级,且都大于农业用地偏好等级,即十位数等于个位数,且都大于百位数,可定义为城市用地与保护用地冲突(表5-5)。

表5-5　城市用地与保护用地偏好组合到土地利用冲突的映射

编码	冲突类别描述
122	保护用地中等偏好与城市用地中等偏好冲突
133	保护用地高等偏好与城市用地高等偏好冲突
233	保护用地高等偏好与城市用地高等偏好冲突

4. 农业用地与保护用地冲突

三种土地利用偏好等级组合中,农业用地偏好等级等于保护用地偏好等级,且都大于城市用地偏好等级,即百位数等于十位数,且都大于个位数,可定义为农业用地与保护用地冲突(表5-6)。

表 5-6　农业用地与保护用地偏好组合到土地利用冲突的映射

编码	冲突类别描述
221	农业用地中等偏好与保护用地中等偏好冲突
331	农业用地高等偏好与保护用地高等偏好冲突
332	农业用地高等偏好与保护用地高等偏好冲突

5.高冲突

三种土地利用偏好等级组合中,农业用地偏好等级、保护用地偏好等级以及城市用地偏好等级都彼此相等,即百位数、十位数、个位数均相等,可定义为三种土地利用类型偏好值相等的高冲突(表 5-7)。

表 5-7　高冲突偏好组合到土地利用冲突的映射

编码	冲突类别描述
111	高冲突,都是低等偏好
222	高冲突,都是中等偏好
333	高冲突,都是高等偏好

综上,农业用地、城市用地和保护用地 3 种土地利用类型可能发生的 27 种冲突类型中,有 12 种会发生冲突,有 15 种不会发生冲突。对于不会发生冲突的 15 种情形中,有 5 种更偏好农业用地、5 种更偏好城市用地、5 种更偏好保护用地(表 5-8)。

表 5-8　从偏好组合到土地利用冲突的映射

冲突区域		无冲突区域	
编码	冲突类别描述	编码	无冲突类别描述
111	高冲突,都是低等偏好	112	城市用地中等偏好
122	保护用地中等偏好与城市用地中等偏好冲突	113	城市用地高等偏好

续表

冲突区域		无冲突区域	
编码	冲突类别描述	编码	无冲突类别描述
133	保护用地高等偏好与城市用地高等偏好冲突	121	保护用地高等偏好
233	保护用地高等偏好与城市用地高等偏好冲突	123	城市用地高等偏好
221	农业用地中等偏好与保护用地中等偏好冲突	131	保护用地高等偏好
212	农业用地中等偏好与城市用地中等偏好冲突	132	保护用地高等偏好
222	高冲突,都是中等偏好	211	农业用地高等偏好
313	农业用地高等偏好与城市用地高等偏好冲突	213	城市用地高等偏好
323	农业用地高等偏好与城市用地高等偏好冲突	223	城市用地高等偏好
331	农业用地高等偏好与保护用地高等偏好冲突	231	保护用地高等偏好
332	农业用地高等偏好与保护用地高等偏好冲突	232	保护用地高等偏好
333	高冲突,都是高等偏好	311	农业用地高等偏好
		312	农业用地高等偏好
		321	农业用地高等偏好
		322	农业用地高等偏好

第二节　模型参数数据处理

一、精河县土地利用现状

根据精河县史志办提供的数据,2018 年精河县行政区面积为 11.85×10^5 hm^2,其中地方行政区面积 10.55×10^5 hm^2,驻地兵团行政区面积 63.92×10^3 hm^2。参考已有精河县遥感影像分类,在确定精度的情况下将研究区的土地利用分为以下类别:耕地、草地、居民点、工矿用地、林地、水域、沙地、盐渍地、交通用地、裸土地、荒滩、荒坡和未利用土地(张飞等,2009)。在此基础上,再根据 LUCIS 模型需要,将部分类别合并或细化为农业用地、城市用地以及保护用地,其他类别作为参数参与模型运算(表5-9)。因为是首次尝试用 LUCIS 模型分析精河县潜在土地利用冲突,所以主要分析农业用地、城市用地以及保护用地三种土地利用情形间的冲突情况。

表 5-9   2018 年精河县土地利用情况

土地利用类别	地类	说明	面积/hm²	比例/(%)
耕地	农业用地	耕地草地合并为农业用地	128675.25	11.49
草地				
居民点	城市用地	居民点为城市用地	6144.30	0.55
工矿用地	城市用地	工矿用地为城市用地		
林地	参数	无	245862.99	21.95
水域	保护用地	水域中艾比湖保护区为保护用地	349177.05	31.18
	参数	水域中河流为参数	390017.61	34.83
沙地	参数	无		
盐渍地	参数	无		
交通用地	参数	无		
裸土地	参数	无		
荒滩	参数	无		
荒坡	参数	无		
未利用土地	参数	无		

二、土地利用冲突目的和目标

根据 LUCIS 模型规则定义,本研究对农业用地、保护用地和城市用地的目的和目标进行了确定(表5-10 至表5-12)。

表 5-10　研究区农业用地目的和目标陈述概括

目的和目标	定义适宜作农业用地的土地
目的 1	定义自然因素方面最适宜作农业用地的土地
目标 1.1	定义土壤肥力适合农业用地的土地
目标 1.2	定义水源适合农业用地的土地
目标 1.3	定义年均温适合农业用地的土地
目标 1.4	定义坡度适合农业用地的土地
目的 2	定义区位因素方面最适宜作农业用地的土地
目标 2.1	定义道路距离适合农业用地的土地
目标 2.2	定义当前农业用地为适宜

表 5-11　研究区保护用地目的和目标陈述概括

目的和目标	定义适宜作保护用地的土地
目的 1	定义自然因素方面最适宜作保护用地的土地
目标 1.1	定义保护开放水域需要的保护用地
目标 1.2	定义天然林的分布适合保护用地的土地
目的 2	定义区位因素方面最适宜作保护用地的土地
目标 2.1	定义当前保护用地为适宜
目标 2.2	定义距已有保护用地距离适合保护用地的土地

表 5-12　研究区城市用地目的和目标陈述概括

目的和目标	定义适宜作城市用地的土地
目的 1	定义自然因素方面最适宜作城市用地的土地
目标 1.1	定义水源适合城市用地的土地
目标 1.2	定义坡度适合城市用地的土地
目的 2	定义区位因素方面最适宜作城市用地的土地
目标 2.1	定义道路距离适合城市用地的土地
目标 2.2	定义当前城市用地为适宜
目标 2.3	定义距已有城市用地距离适合城市用地的土地

三、定义和确定土地利用适宜性

（一）农业用地土地利用适宜性

农业用地适宜性判定主要达成两个目的,分别是自然因素和区位因素影响下的最适合农业的土地。两个目的中皆存在的类似因子,会被赋予不同权重值。

1. 自然因素

（1）土壤肥力。

土壤肥力的高低直接影响农业用地适宜性,因此本研究将实地采样的土壤理化数据计算并插值,得到精河县土壤肥力图层(图 5-7)。土壤肥力较高的(1.8~1.95)被赋值为 9,此后依次按递减 0.1 赋值,低于 1.2 的则被赋值为 1(图 5-8)。

（2）水源。

由于越接近水源,农业灌溉条件越好,因此研究者借助精河县 DEM 提取获得精河县河流图层(图 5-9),并在此基础上计算接近河流欧氏距离(图 5-10),分

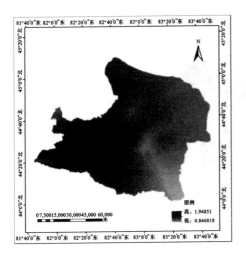

图 5-7　精河县土壤肥力图层

图 5-8　精河县土壤肥力赋值

区统计确定土地距河流的平均距离和标准差。接近河流欧氏距离介于 0 到平均值之间的栅格被赋值 9,按四分之一标准差增量赋值 8～2,剩余栅格赋值 1(图5-11、表 5-13)。

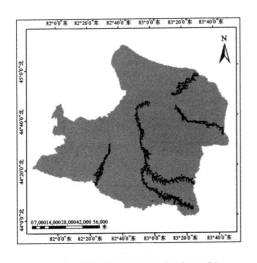

图 5-9　精河县河流图层(黑色区域)

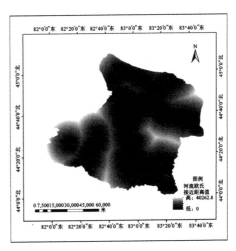

图 5-10　接近精河县河流欧氏距离

图 5-11　接近精河县河流欧氏距离赋值

表 5-13　接近精河县河流欧氏距离赋值

赋值概念	旧值	新值
0～平均值	0～7860	9
平均值～1/4 标准差	7860～9596.75	8
1/4 标准差～1/2 标准差	9596.75～11333.5	7
1/2 标准差～3/4 标准差	11333.5～13070.25	6
3/4 标准差～1 标准差	13070.25～14807	5
1 标准差～5/4 标准差	14807～16543.75	4
5/4 标准差～3/2 标准差	16543.75～18280.5	3
3/2 标准差～7/4 标准差	18280.5～20017.25	2
7/4 标准差～3+标准差	20017.25～40262.8	1

(3) 年均温。

由于在一定范围内,气温越高,植被覆盖度越大,因此本研究将 5 个站点的平均气温数据通过插值得到精河县年均温图层(图 5-12)。从 7 ℃开始以 0.3 ℃递减分别赋值 9～2,低于 4.6 ℃以及高于 7 ℃赋值 1(图 5-13)。

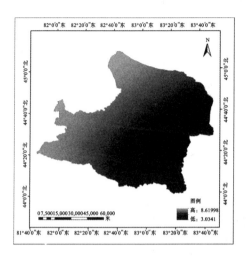

图 5-12 精河县年均温图层

图 5-13 精河县年均温赋值

（4）坡度。

由于坡度越平缓越有助于土壤保持,因此本研究借助 DEM 提取获得精河县坡度图层(图 5-14)。从平坦地面即坡度为零开始,以递增 3°为级差分别赋值 9～2,当坡度大于 24°时赋值为 1(图 5-15)。

图 5-14 精河县坡度图层

图 5-15 精河县坡度赋值

　　将四个目标图层,即精河县的土壤肥力赋值(图5-8)、接近精河县河流欧氏距
离赋值(图5-11)、精河县年均温赋值(图5-13)、精河县坡度赋值(图5-15)合并得
到农业用地自然因素适宜性图层(图5-16)。单个效用值通过地图代数加权合并,
土壤肥力占40%、水源占28%、年均温占19%、坡度占13%。

图5-16　农业用地自然因素适宜性

2. 区位因素

(1) 道路距离。

　　由于越接近道路则交通运输条件越好,也就越有利于农业运输,因此本研究
从全疆道路图层中裁剪获得精河县道路图层(图5-17),以道路为基准计算运输欧
氏距离(图5-18),并分区统计确定土地距道路的平均距离和标准差。介于0到平
均值之间的栅格被赋值9,按四分之一标准差增量赋值8~2,剩余栅格赋值1(表
5-14、图5-19)。

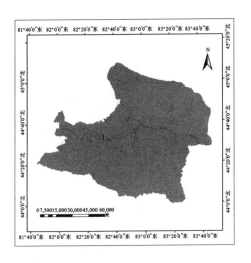

图 5-17 精河县道路图层(黑色部分)

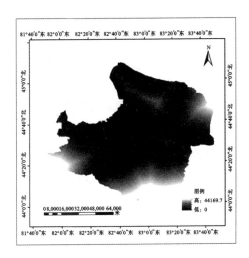

图 5-18 接近精河县道路欧氏距离

表 5-14 接近精河县道路欧氏距离赋值

赋值概念	旧值	新值
0～平均值	0～8897	9
平均值～1/4 标准差	8897～11165.5	8
1/4 标准差～1/2 标准差	11165.5～13434	7
1/2 标准差～3/4 标准差	13434～15702.5	6
3/4 标准差～1 标准差	15702.5～17971	5
1 标准差～5/4 标准差	17971～20239.5	4
5/4 标准差～3/2 标准差	20239.5～22508	3
3/2 标准差～7/4 标准差	22508～24776.5	2
7/4 标准差～3+标准差	24776.5～44169.7	1

(2) 当前农业用地。

从遥感影像当中提取精河县农业用地图层(图 5-20),并将其赋值为 9,其他地区赋值为 1(图 5-21)。

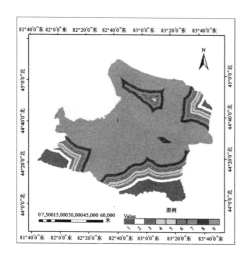

图 5-19 接近精河县道路欧氏距离赋值

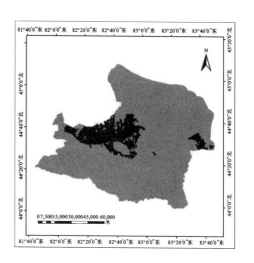

图 5-20 精河县农业用地图层(黑色部分)

将两个目标层,即接近精河县道路欧氏距离赋值(图 5-19)、精河县农业用地赋值(图 5-21)合并得到农业用地区位因素适宜性图层(图 5-22)。单个效用值通过地图代数加权合并,目前用于农业用地的栅格赋值 9,其他地区依然按照接近道路欧氏距离赋值。

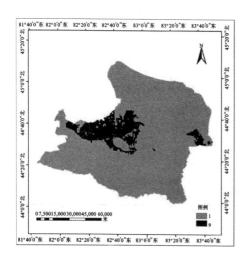

图 5-21 精河县农业用地赋值

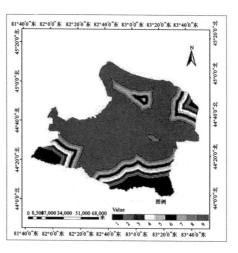

图 5-22 农业用地区位因素适宜性

（二）保护用地土地利用适宜性

1. 自然因素

（1）开放水域。

对已获得的精河县河流图层做接近河流欧氏距离分析，0～120 m 赋值 9，120～240 m 赋值 8，其余栅格赋值 1（图 5-23）。

（2）天然林。

目前，天然林分布地区最适宜作林地保护区域，因此本研究基于提取的精河县天然林分布图层数据（图 5-24），将天然林分布地赋值 9，其他地区赋值 1（图 5-25）。

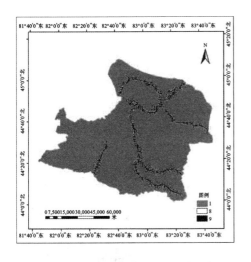

图 5-23　接近精河县河流欧氏距离赋值

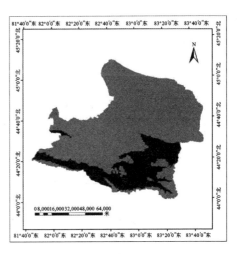

图 5-24　精河县天然林分布图层（黑色部分）

将两个目标层，即接近精河县河流欧氏距离赋值（图 5-23）、精河县天然林分布赋值（图 5-25）合并得到保护用地自然因素适宜性图层（图 5-26）。单个效用值通过地图代数加权合并，目前是天然林分布地的栅格赋值 9，其他地区依然按照接近河流欧氏距离赋值。

图 5-25　精河县天然林分布赋值

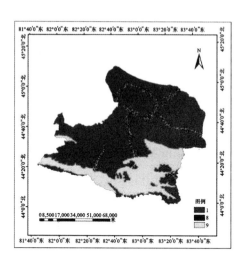

图 5-26　保护用地自然因素
适宜性

2. 区位因素

(1) 当前生态保护区。

依据精河县生态保护区区界从遥感影像中获得精河县生态保护区图层(图
5-27),目前是精河县生态保护区的栅格赋值 9,其他地区赋值 1(图 5-28)。

图 5-27　精河县生态保护区图层(黑色部分)

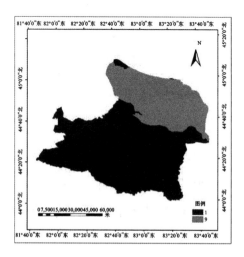

图 5-28　精河县生态保护区赋值

（2）距已有生态保护区距离。

围绕精河县已有生态保护区进行欧氏距离计算,确定各栅格接近精河县已有生态保护区欧氏距离的平均值与标准差(图5-29),值介于0到平均值之间的栅格被赋值9,四分之一标准差增量的栅格赋值为8,剩余栅格赋值为1(图5-30、表5-15)。

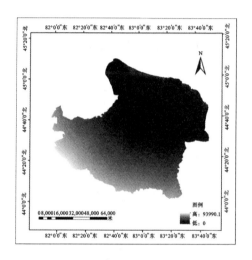

图5-29　接近精河县生态保护区欧氏距离

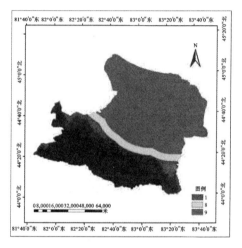

图5-30　接近精河县生态保护区欧氏距离赋值

表5-15　接近精河县已有生态保护区欧氏距离赋值

赋值概念	旧值	新值
0～平均值	0～25846	9
平均值～1/4标准差	25846～32106.75	8
1/4标准差～3+标准差	32106.75～93990.1	1

将两个目标层,即精河县生态保护区赋值(图5-28)、接近精河县生态保护区欧氏距离赋值(图5-30)合并得到生态保护区区位因素适宜性图层(图5-31)。单个效用值通过地图代数加权合并,目前是生态保护区的栅格赋值9,其余栅格依然按照接近生态保护区欧氏距离赋值。

（三）城市用地土地利用适宜性

1. 自然因素

（1）水源。

主要利用在农业用地适宜性中已获得的接近精河县河流欧氏距离赋值图层进行赋值(图 5-11)。

（2）坡度。

主要利用在农业用地适宜性中已获得的精河县坡度赋值图层进行赋值(图 5-15)。

将两个目标层(SUAs)，即接近精河县河流欧氏距离图层(图 5-11)、精河县坡度赋值图层(图 5-15)通过地图代数加权合并，水源占 35%，坡度占 65%，得到精河县的土地作城市用地在自然因素方面的适宜性(图 5-32)。

图 5-31　生态保护区区位因素适宜性　　　图 5-32　城市用地自然因素适宜性

2. 区位因素

（1）道路距离。

主要利用在农业用地适宜性中已获得的接近精河县道路欧氏距离赋值图层进行赋值(图 5-19)。

（2）当前城市。

从遥感影像中获得精河县城市用地图层(图 5-33)，并将现有城市用地赋值 9，其他地区赋值 1(图 5-34)。

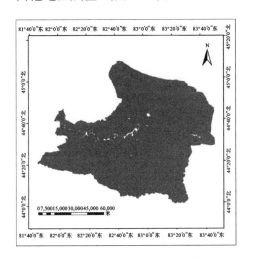

图 5-33 精河县城市用地图层(白色部分)

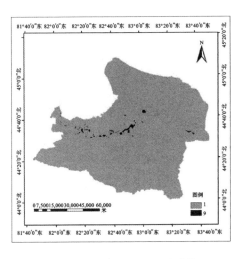

图 5-34 精河县城市用地赋值

（3）距已有城市用地距离。

越靠近城市边缘的土地，城市扩张时越可能成为城市用地，因此本研究围绕精河县已有城市用地进行欧氏距离运算，确定其他栅格接近精河县城市用地欧氏距离的平均值与标准差(图 5-35)。与城市用地的欧氏距离值介于 0 到平均值之

图 5-35 接近精河县城市用地欧氏距离

间的栅格被赋值9,按四分之一标准差增量分别为栅格赋值8~2,剩余的栅格赋值1(表5-16、图5-36)。

表 5-16　接近已有城市欧氏距离赋值

赋值概念	旧值	新值
0~平均值	0~18835	9
平均值~1/4 标准差	18835~22019.5	8
1/4 标准差~1/2 标准差	22019.5~25204	7
1/2 标准差~3/4 标准差	25204~28388.5	6
3/4 标准差~1 标准差	28388.5~31573	5
1 标准差~5/4 标准差	31573~34757.5	4
5/4 标准差~3/2 标准差	34757.5~37942	3
3/2 标准差~7/4 标准差	37942~41126.5	2
7/4 标准差~3+标准差	41126.5~60672	1

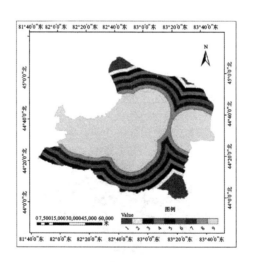

图 5-36　接近精河县城市用地欧氏距离赋值

　将三个目标层(SUAs),即接近道路欧氏距离图层(图 5-19)、城市用地赋值图层(图5-34)、接近城市用地欧氏距离赋值图层(图5-36)中,接近道路欧氏距离与接近城市用地欧氏距离两个图层按各加权 50％叠置(图 5-37),再将叠置结果通过条件选择与已有城市用地图层叠置,结果如图 5-38 所示。

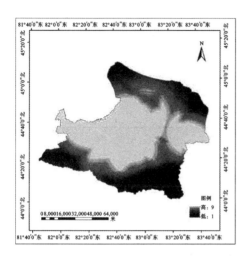

图 5-37　城市用地区位适宜性 1

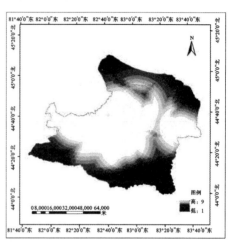

图 5-38　城市用地区位适宜性 2

四、确定土地利用偏好

影响三种土地利用类型的利用偏好的因素众多,涉及方面较广,除了需要系统的规划,还需要全面科学的理论体系,才能使各土地利用类型偏好赋值效果更好,以更有效地支持对土地利用冲突的判断。由于各土地类型的目的层都为两层,是比较简单的 MUA,因此本研究在确定各目的层的偏好时,采用文献法,结合精河县的自身特点,参考和借鉴土地利用冲突分析及土地适宜性评价的指标权重,为土地利用相关图层的影响权重赋值(马学广等,2010)。

(一)农业用地偏好

1. 确定偏好图层

农业用地有两个目的层,即自然因素适宜性目的层(MUA)和区位因素适宜性目的层(MUA)。由于在农业用地方面,自然因素对农业用地总体偏好性的影响比区位因素稍大,因此赋 0.60 权重,区位因素赋 0.40 权重(表 5-17),最终通过地图代数将两个图层合并,创建农业用地的偏好图层(图 5-39)。

表 5-17　农业用地目的层权重

适宜性	偏好权重
目的 1:农业用地自然因素适宜性	0.60
目的 2:农业用地区位因素适宜性	0.40
共计	1.00

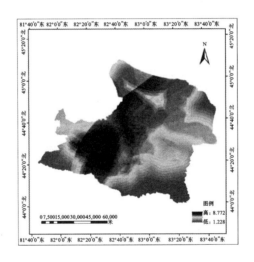

图 5-39　农业用地偏好

2. 标准化、分解偏好结果

农业用地偏好图层中,最大偏好赋值是 9,因此用栅格中每一个值除以 9,得到标准化的农业用地偏好(图 5-40),并采用标准差分类法将农业用地标准化偏好值分解为:100、200、300(图 5-41)。

（二）保护用地偏好

1. 确定偏好图层

保护用地主要有生态保护区自然因素适宜性(图 5-26)和生态保护区区位因

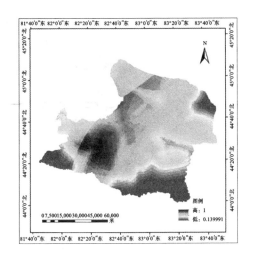

图 5-40　农业用地标准化偏好值

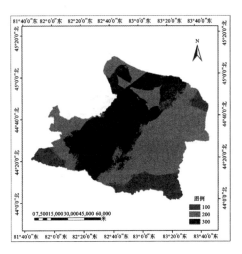

图 5-41　分解农业用地标准化偏好值

素适宜性(图 5-31)两个目的层,但自然因素和区位因素的适宜性同样都是保护用
地总体的利用偏好的重要决定因素,因此用地图代数对两个图层进行各 0.50 的
加权合并(表 5-18),并创建保护用地偏好图层(图 5-42)。

表 5-18　保护用地目的层权重

适宜性	偏好权重
目的 1:保护用地自然因素适宜性	0.50
目的 2:保护用地区位因素适宜性	0.50
共计	1.00

2. 标准化、分解偏好结果

保护用地偏好图层中,最大偏好赋值是 9,因此用栅格中每一个值除以 9,得到
标准化的保护用地偏好(图 5-43),并采用标准差分类法将保护用地标准化偏好值
分解为:10、20、30(图 5-44)。

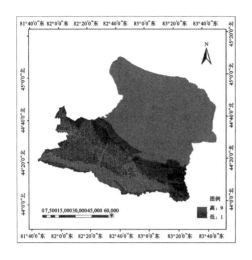

图 5-42 保护用地偏好   图 5-43 保护用地标准化偏好值

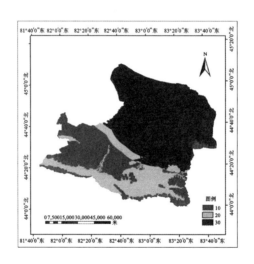

图 5-44 分解保护用地标准化偏好值

（三）城市用地偏好

1. 确定偏好图层

城市用地有自然因素适宜性和区位适宜性两个目的层,由于区位因素在城市用地总体偏好性中的贡献作用更大,因此赋0.60权重(表5-19),最终通过地图代数将两图层合并创建城市用地的偏好图层(图5-45)。

表 5-19 城市用地目的层权重

适宜性	偏好权重
目的 1:城市用地自然因素适宜性	0.40
目的 2:城市用地区位因素适宜性	0.60
共计	1.00

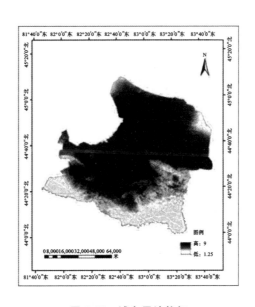

图 5-45 城市用地偏好

2. 标准化、分解偏好结果

城市用地偏好图层中,最大偏好赋值是 9,因此用栅格中每一个值除以 9,得到标准化的城市用地偏好(图 5-46),并采用标准差分类法将城市用地标准化偏好值分解为:1、2、3(图 5-47)。

图 5-46　城市用地标准化偏好值

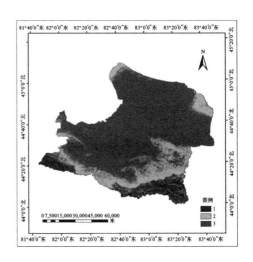

图 5-47　分解城市用地标准化偏好

五、确定土地利用冲突

（一）移除土地利用不改变的类型

本研究中,目前的保护用地和城市用地被定义为用途不会再改变的土地。首先,对既有保护用地和城市用地两个图层分别做掩膜,即对具有保护用地和城市用地属性的栅格赋值 NoData,其余栅格赋值 1(图 5-48、图 5-49),再将两个掩膜图层叠置(图 5-50)。在此过程中,我们没有将农业用地划在不会改变的土地范围内,是因为农业用地是转化为城市用地或保护用地的理想类型。

（二）确定土地利用冲突类型

将前文得到的三种标准化土地利用类型偏好图层进行叠置(图 5-51),再从结果中移除不会改变用途的城市用地以及保护用地,最终得到精河县土地利用冲突图层(图 5-52)。

图 5-48　移除已有保护用地

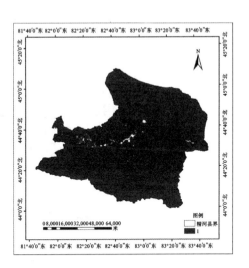

图 5-49　移除已有城市用地

图 5-50　同时移除保护用地和城市用地

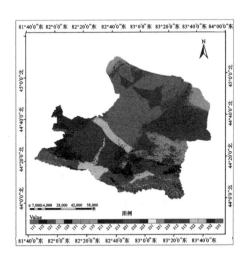

图 5-51　三种土地利用类型标准化
偏好图层叠置

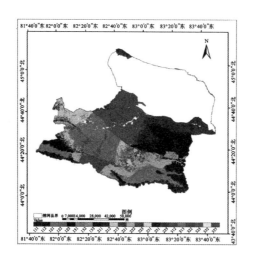

图 5-52 移除不改变用途类型后的土地利用潜在冲突

第三节　土地利用潜在冲突结果分析

研究区土地利用潜在冲突分析结果如图 5-53 所示。在移除城市及生态保护区用地的情况下,研究区存在 22 种土地利用潜在冲突类别,不存在农业用地低偏好/保护用地低偏好/城市用地高偏好(113)、农业用地低偏好/保护用地高偏好/城市用地高偏好(133)、农业用地高偏好/保护用地低偏好/城市用地低偏好(311)、农业用地高偏好/保护用地中偏好/城市用地低偏好(321)、农业用地高偏好/保护用地高偏好/城市用地低偏好(331)五种冲突类别。

研究区中存在潜在冲突的区域面积为 53.52 hm²,占研究区面积的47.85%,接近50%,无冲突区域面积约占研究区面积的20%。已存在的保护用地和城市用地很难转换为其他用地,因此将其移除,其面积约占研究区面积的 32%(表5-20)。

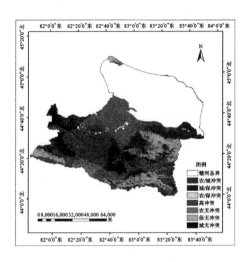

图 5-53　潜在冲突类别分布

表 5-20　各土地利用冲突类别占研究区百分比

类别	面积/hm²	占研究区百分比/(%)
农业用地与保护用地冲突	2902.77	0.26
农业用地与城市用地冲突	187397.46	16.75
保护用地与城市用地冲突	129914.73	11.61
高冲突(三种土地利用类型之间的冲突)	214978.32	19.22
无冲突的区域	228048.30	20.39
已存在的城市用地	6144.30	0.55
已存在的保护用地	349177.05	31.22
共计	1118562.93	100.00

在已有潜在冲突中,组合 233、313 以及 333 栅格数量最多,也就是城市用地高等偏好与保护用地高等偏好冲突,农业用地高等偏好与城市用地高等偏好冲突,

以及高等偏好的高冲突所占区域较大;其次是组合 222、213、232,即中等偏好的高冲突也占了较多区域(图 5-54)。

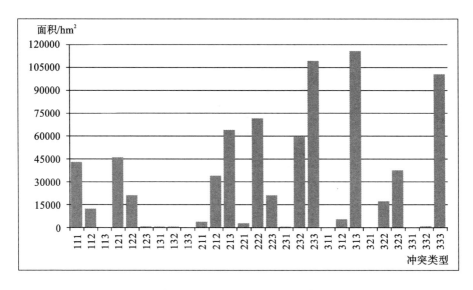

图 5-54 土地利用冲突图层中 27 种冲突类型面积分布

一、无冲突

无冲突区域总体分布在精河县西部及南部区域(图 5-55)。其中,农业用地偏好值较高且无冲突的区域在精河县西南部山前冲洪积扇上(图 5-56),保护用地偏好值较高且无冲突的区域主要分布在精河县东南部及南部的山地(图 5-57),城市用地偏好值较高且无冲突的区域在精河县目前农业分布区和东南部高山沟谷地带,以及精河县西缘(图 5-58)。但对于农业用地高偏好/城市用地中偏好/保护用地中偏好的栅格(322)所对应的地区而言,由于农业用地较容易转化,因此 322 类型极有可能转化为 222 类型,即这类高偏好无冲突的农业用地极有可能转化为中等偏好的高冲突。

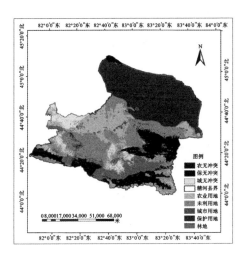

图 5-55　无冲突区域

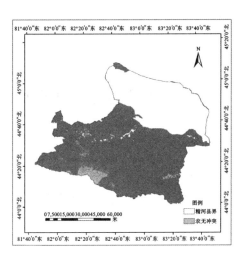

图 5-56　农业用地高等偏好

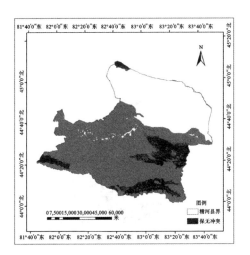

图 5-57　保护用地高等偏好

图 5-58　城市用地高等偏好

二、农业用地与城市用地冲突

研究表明,新疆农业用地与城市用地一直处于扩张趋势,精河县农业用地增长较为缓慢,建设用地则始终加速增长(王丹等,2017),两者用地的增加必然导致用地矛盾。精河县农业用地与城市用地未来的冲突区域主要集中在已有农业用地以及已有农业用地向西南、南延伸的区域,占县域面积的 16.75％(图5-59)。主要原因在于该区域交通便利,距离已有农业用地、城市用地较近,且水资源较为丰富。

三、城市用地与保护用地冲突

有研究表明,建设用地扩张集中分布于绿洲,且相对分散,主要由林地等其他土地利用类型转变而来(段祖亮等,2009)。而精河县城市用地与保护用地未来的冲突区域也主要集中在已有林地区域,以及已有生态保护区的东南侧,共占精河县面积的 11.60％(图 5-60)。潜在冲突区域与生态保护区相接,并沿生态保护区边界呈带状分布。虽然保护用地与城市用地在此用地偏好冲突是同等级的,但是城市在未来扩张过程中必须首先考虑生态保护,因此优先保障保护用地是解决此冲突的关键措施。

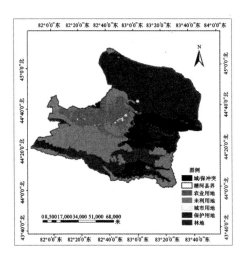

图 5-59　农业用地与城市用地冲突

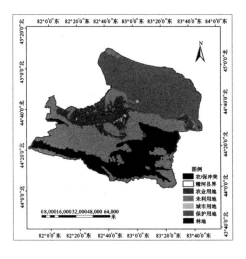

图 5-60　城市用地与保护用地冲突

四、农业用地与保护用地冲突

研究结果表明,农业用地与保护用地的潜在冲突区域分布较为零散,精河县

冲突区域约占县域面积的 0.26%,主要分布于林地区域边缘(图 5-61)。随着精河
县耕地规模不断扩大,且其增量中林、草地的转入量达 20.78%,精河县生态综合
指数下降,因此未来急需借助退耕还林、还草保护政策的有效实施来改善精河县
生态环境质量(王东芳等,2016)。另外,精河县内有两个国家级自然保护区,即甘
家湖梭梭林自然保护区和艾比湖湿地自然保护区,保护用地占精河县面积的近
30%,因此保护用地的潜在冲突主要集中在这两个区域周围。

五、高冲突

　　农业用地、保护用地与城市用地三种土地类型间的潜在冲突区域,主要集中
分布在精河流域绿洲平原地区,以及精河县南部的高山区,约占精河县面积的
20%(图 5-62)。结果显示,偏好值较高的高冲突区域(333),主要分布在距农业用
地、城市用地及保护用地较近的精河流域绿洲中心地区。偏好值中等的高冲突区
域(222),主要分布在距离农业用地、城市用地及保护用地较远的山前区域。低偏
好值的高冲突区域(111),主要分布在精河县最南部的高山区。

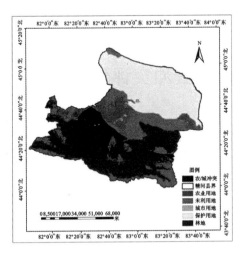

图 5-61　农业用地与保护用地冲突

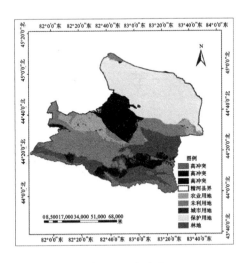

图 5-62　高冲突

第六章　精河县三生空间冲突

党的十八大报告提出,要建设我国生态文明,就要促进生产空间、生活空间和生态空间(即三生空间)的建设。事实上,三生空间是相辅相成、共同发展的,诊断三生空间发展中存在的冲突,找寻缓解、解决空间冲突的办法,是保证生态环境质量稳定提升的前提。研究区是天山北坡经济带的重要组成部分,但由于其脆弱的生态环境,该区域也成为我国干旱区生态环境保护和生态文明建设的重点区域之一。随着研究区人工绿洲面积的不断扩大,人类生产及生活活动的日益频繁,空间利用中的冲突也开始显现。因此,对研究区三生空间的类型及分布特征进行识别,构建三生空间冲突测度模型,确定三生空间冲突的时空变化规律,有利于促进绿洲开发过程中的土地合理利用,促进绿洲三生空间合理布局和健康持续发展。

第一节　精河县三生空间及其冲突评价体系

一、三生空间分类体系构建

本研究基于精河县实际土地利用情况,按功能主导型、约束性、衔接性、实用性、生态优先五个原则对精河县进行三生空间划分(表6-1)。在此前提下,参考赵旭(2019)的相关研究,最终将精河县的三生空间划分为:生活生产空间、生产生态空间、生态生产空间、生态空间四大类(表6-2)。

表 6-1 精河县三生空间分类原则

分类原则	内涵
功能主导型原则	同一土地利用类型可同时拥有多种利用功能,选择其主要功能进行分类
约束性原则	在国家政策划分的红线范围内进行三生空间的划定
衔接性原则	进行分类时与土地利用现状分类相衔接,保证三生用地全覆盖
实用性原则	划分的三生用地应层次分明、可通俗使用,并能衔接土地利用总体规划
生态优先原则	对具备多种空间属性的土地利用类型进行分类时,遵从生态优先原则

表 6-2 精河县三生空间分类体系

空间类型	一级地类	二级地类
生活生产空间	建设用地	商服用地、工矿仓储用地、住宅用地、交通运输用地
生产生态空间	耕地	耕地、园地
生态生产空间	水域、林地、草地	水域及水利设施用地、林地、草地
生态空间	未利用地	其他用地

生活生产空间主要是指建设用地,它不仅具有生活功能,同时还可以提供除第一产业以外其他产业的用地。

生产生态空间主要是指以耕作类农业发展为主的耕地和园地,它在提供农作物产品的同时还具有一定的生态功能,如调节气体、供养农田生物、保持生物多样性等。

生态生产空间是指以发挥生态功能为主的土地类型,即在发挥防风固沙、涵养水源、固碳释氧、净化环境等生态作用时,兼具保障当地经济发展、生活生产的功能,如木材生产、草原畜牧等。同时,艾比湖作为博尔塔拉蒙古自治州重要的食盐产地,具有一定的生产功能。因此精河县生态生产空间主要有三种,分别为水域、林地和草地。

生态空间是可以提供生态服务的空间。以于莉等(2017)对未利用地的空间划分结果为参考,结合研究区干旱气候性质及生态环境,本研究将未利用地作为研究区的生态空间。

二、三生空间冲突测度模型

为更好地表达土地利用冲突结果所引起的土地利用类型转化和景观环境的变化,本研究主要从空间的复杂性、脆弱性和稳定性三个角度出发,识别精河县三生空间之间存在的冲突。

(一)空间复杂性指数(PLE_{PI})

随着人们深入开发利用空间资源,该区域的空间斑块形状变得更加的复杂。因此,本研究使用面积加权平均斑块分形指数(AWMPFD)衡量空间斑块复杂化水平(PLE_{PI}),并选取其作为三生空间复杂性指标。AWMPFD通过评估相邻斑块对被测斑块的干扰,测算各空间的外部压力。斑块形状越复杂,指数越高,空间冲突强度也就越大。计算公式如下:

$$PLE_{PI} = AWMPFD = \sum_{i=1}^{m} \sum_{j=1}^{n} \left[\frac{2\ln(0.25\, P_{ij})}{\ln a_{ij}} \times \frac{a_{ij}}{A_k} \right] \quad (6\text{-}1)$$

式中,a_{ij} 为 i 类型的 j 斑块面积;P_{ij} 为 i 类型的 j 斑块周长;A_k 为评价单元面积。

(二)空间脆弱性指数(PLE_{FI})

三生空间是根据研究区地类的主要功能进行整合和划分的,精河县空间的抗压能力和空间内部的脆弱情况之间存在着不可分割的联系。选取空间内部地类的脆弱度指数作为三生空间脆弱性指标,既符合生态学要求,也能很好地反映斑块抵抗外界压力的能力。结合专家打分法,根据区域中环境的脆弱情况实现等级分类:林地(1),草地(2),耕地(3),水域(4),未利用地(5),建设用地(6)。对该区域的斑块来说,其抗压能力越弱,就越容易受到外界影响,在公式的计算中就会有更高的空间脆弱性指数,计算公式如下:

$$PLE_{FI} = \sum_{i=1}^{m} \sum_{s=1}^{r} F_{is} \times \frac{a_{is}}{A_k} \quad (6\text{-}2)$$

式中,a_{is} 为 i 类型 s 地类的斑块面积;F_{is} 为 i 类型 s 地类的脆弱度;m、r 分别代表土地利用类型数量。

（三）空间稳定性指数（PLE$_{RI}$）

以景观破碎度度量空间风险程度，空间风险及空间冲突强度随着空间形态破碎程度的增加而增加，空间稳定性指数下降。指数计算公式如下：

$$PLE_{RI} = \frac{PD - PD_{min}}{PD_{max} - PD_{min}} \tag{6-3}$$

式中，$PD = \dfrac{n}{A_k}$，n 为单个评价单元中斑块的总数量。

最终，三生空间冲突综合指数（PLE$_{CI}$）是用上述三类指数相加后计算得出的。

$$PLE_{CI} = PLE_{PI} + PLE_{FI} + PLE_{RI}$$

（四）评价单元的划分

本研究利用 ArcGIS 10.5 创建渔网，将创建好的渔网中的每一个单一格网视为评价单元(图 6-1)，计算每个格网中的指标。

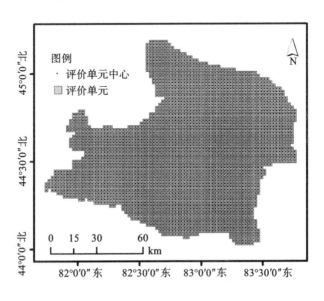

图 6-1　评价单元划分

在选择单元格网时,需要将大小、尺度、空间斑块密集度等因素均考虑在内。对比不同大小格网单元,考虑到研究区三生空间实际分布情况,为更好地体现空间冲突特征,本研究以 100 m×100 m 的渔网创建起始试验,每次试验都在前一次试验的基础上,将格网边长增加 100 m,经多次试验,最终以 2000 m×2000 m 格网为划分依据,共计划分 3003 个空间单元。其中,如果某单元格在研究区内斑块的面积并没有形成一个完整的单元格,那么在计算中按照一个完整单元格参与运算。按照上面的计算方法对空间单元的指数进行计算。

三、三生空间冲突分析方法

(一)三生空间冲突变化空间分析模型

为研究土地冲突在空间上的演变趋势和程度,本研究借助土地利用空间变化相关研究建立空间分析模型,如公式(6-4)、公式(6-5)、公式(6-6)所示。

$$\mathrm{IRL}_i = \frac{\mathrm{LA}_{\langle i,t_2 \rangle} - \mathrm{LA}_{\langle i,t_1 \rangle}}{\mathrm{LA}_{\langle i,t_1 \rangle}} /(t_2 - t_1) \times 100\% \qquad (6\text{-}4)$$

$$\mathrm{TRL}_i = \frac{\mathrm{LA}_{\langle i,t_1 \rangle} - \mathrm{ULA}_i}{\mathrm{LA}_{\langle i,t_1 \rangle}} /(t_2 - t_1) \times 100\% \qquad (6\text{-}5)$$

$$\mathrm{CCL}_i = \mathrm{IRL}_i + \mathrm{TRL}_i \qquad (6\text{-}6)$$

式中,IRL_i、TRL_i、CCL_i 分别为三生空间冲突 i 类型的新增速率、转移速率和变化速率,$\mathrm{LA}_{\langle i,t_1 \rangle}$、$\mathrm{LA}_{\langle i,t_2 \rangle}$ 分别为三生空间冲突 i 类型在研究期始末的面积,ULA_i 为三生空间冲突 i 类型未变化的面积,t_1、t_2 分别为研究始末的时间。

为研究各种冲突类型在空间上的演变程度与规模,本研究借助冲突空间变化率指数对其进行表达。

$$F_i = \frac{(\mathrm{LA}_{\langle i,t_2 \rangle} - \mathrm{ULA}_i) + (\mathrm{LA}_{\langle i,t_1 \rangle} - \mathrm{ULA}_i)}{A} /(t_2 - t_1) \times 100\% \quad (6\text{-}7)$$

式中,F_i 为第 i 种冲突类型的空间变化率指数,A 为研究区总面积。

（二）核密度分析

本研究借助核密度函数对精河县 1990—2020 年三生空间冲突变化图斑进行分析,揭示近 30 年精河县三生空间冲突在分布上的变化特点和差异,厘清重点变化空间。

$$\hat{f}(x) = \frac{1}{n\,h^d} \sum_{i=1}^{n} K\left(\frac{x - x_i}{h}\right) \tag{6-8}$$

式中,d 为数据维数;K 为核函数;h 为带宽;$(x - x_i)$ 表示估计点到样本 x_i 的距离;n 为样本数量。

（三）冲突变化标准差椭圆

标准差椭圆是地理学空间统计的一种重要研究方法,利用标准差椭圆能够探究各土地利用冲突类型的空间分异和转移方向(李路等,2020)。本研究对精河县 1990—2020 年三生空间冲突类型的动态变化结果进行标准差椭圆分析,以反映冲突变化的总体轮廓和主导分布方向。标准差椭圆的组成要素包括椭圆中心、旋转角 θ、长轴 x 和短轴 y(图 6-2),数学表达见公式(6-9)、公式(6-10)、公式(6-11)、公式(6-12)、公式(6-13)。

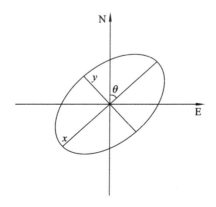

图 6-2 标准差椭圆主要参数图解

$$W_x = \sqrt{\frac{\sum\limits_{i=1}^{n}(x_i - \overline{x})^2}{n}} \tag{6-9}$$

$$W_y = \sqrt{\frac{\sum\limits_{i=1}^{n}(y_i - \overline{y})^2}{n}} \tag{6-10}$$

式中，W_x 和 W_y 是计算出来的椭圆的方差(决定了椭圆的大小)，也就是椭圆的长轴和短轴的长度，以此可以确定椭圆每一个要素的空间地理位置坐标 x_i 和 y_i，$\overline{x}$ 和 $\overline{y}$ 是所有样本的算数平均中心。旋转角度计算公式如下：

$$\tan\theta = \frac{(\sum\limits_{i=1}^{n}\tilde{x}_i^2 - \sum\limits_{i=1}^{n}\tilde{y}_i^2) + \sqrt{(\sum\limits_{i=1}^{n}\tilde{x}_i^2 - \sum\limits_{i=1}^{n}\tilde{y}_i^2)^2 + 4(\sum\limits_{i=1}^{n}\tilde{x}_i\,\tilde{y}_i)^2}}{2\sum\limits_{i=1}^{n}\tilde{x}_i\,\tilde{y}_i} \tag{6-11}$$

式中，θ 是以正北方为 0°，顺时针旋转至 x 轴的角度；$\tilde{x}_i$ 和 $\tilde{y}_i$ 是平均中心偏差。然后可以确定 x、y 轴的标准差，计算公式如下：

$$\sigma_x = \sqrt{2}\sqrt{\frac{\sum\limits_{i=1}^{n}(\tilde{x}_i\cos\theta - \tilde{y}_i\sin\theta)^2}{n}} \tag{6-12}$$

$$\sigma_y = \sqrt{2}\sqrt{\frac{\sum\limits_{i=1}^{n}(\tilde{x}_i\sin\theta - \tilde{y}_i\cos\theta)^2}{n}} \tag{6-13}$$

（四）生态风险评价

为反映精河县三生空间受到干扰之后的损失程度，本研究利用空间干扰度、空间脆弱性以及空间分维数计算三生空间生态风险指数(PLE_{EVI})，计算公式如下：

$$PLE_{EVI_i} = \sum_{i=1}^{N}\frac{A_{ki}}{A_k}PLE_{VI} \tag{6-14}$$

式中，PLE_{VI} 为 i 类型损失度指数；A_{ki} 为第 k 个评价单元中的空间类型 i 的面积；PLE_{EVI_i} 为评价单元 i 的生态风险指数，该值越大表示生态风险程度越高，反之，生态风险程度越低。

对PLE_{VI}进行计算,主要是要从景观破碎度、景观形状以及景观聚集度出发选取景观指数(张月,2017),各项指标计算公式如表6-3所示。

表6-3 三生空间生态风险评价体系

名称	景观指数	计算公式
空间损失度指数 PLE_{VI}	景观损失度指数	$PLE_{VI}=PLE_{FI}\times PLE_{SI}$,公式(6-15)
空间脆弱性指数 PLE_{FI}	景观脆弱度指数	见公式(4-3)、公式(4-4)
空间干扰度指数 PLE_{SI}	景观干扰指数	$PLE_{SI}=a\mathrm{SRI}+b\mathrm{SNI}+c\mathrm{SDI}$ 公式(6-16)
空间稳定性指数 PLE_{RI}	景观破碎度	见公式(4-5)
空间聚集度指数 PLE_{NI}	景观分离指数	$PLE_{NI}=l_i\times\dfrac{A}{A_i}$,公式(6-17) $l_I=\dfrac{1}{2}\sqrt{\dfrac{n_i}{A}}$,公式(6-18)
空间分维数 PLE_{DI}	景观分维数	$PLE_{DI}=\dfrac{2\ln(0.25P_i)}{\ln A_i}$,公式(6-19)

注:l_i为空间类型i的距离指数;A为空间总面积;A_i为空间类型i的面积;n_i为空间类型i斑块数;P_i为空间类型i的周长。参考张月(2017)的研究结果,对公式(6-16)中的参数赋值:$a=0.5$;$b=0.3$;$c=0.2$。

第二节 精河县三生空间格局演化特征分析

一、三生空间格局分析

从空间分布(图6-3)来看,生态空间的占比最大并呈面状分布,但近30年整体呈现缩小的趋势。生活生产空间 1990 年主要集聚于艾比湖盐场及精河县城,在城市化进程不断加快的情形下,生活生产空间也在逐渐沿斑块边缘扩张。生产生态空间主要分布于精河县各乡镇以北,在政策调控影响下,为提高国民粮食安全保障能力,精河县大力发展农业,使得研究区生产生态空间持续扩张。生态生产空间位于研究区西北部、南部及东南部,沿山脉以团块状和条带状分布。

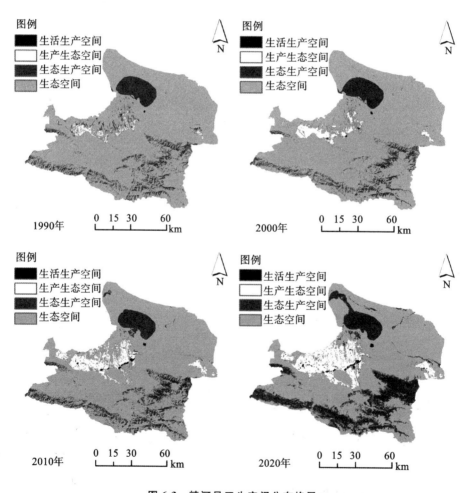

图 6-3 精河县三生空间分布格局

从空间结构及数量上(图6-4)来看,近30年,生活生产空间面积占精河县面积比例最小,占比不足研究区面积的0.47%;生态空间占比最大,达到研究区面积的约60%;生态生产空间和生产生态空间的占比均在10%左右。由各类空间面积变化可知,1990—2020年受经济发展影响,精河县生态空间和生态生产空间的面积变化最为突出。

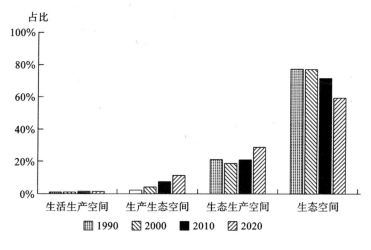

图 6-4　精河县三生空间面积变化

综上,精河县四类空间面积变化呈现"二升一降一波动"的特征。生产生态空间及生活生产空间面积呈上升趋势,其中,面积占比分别由1990年的0.02%、2.01%增加至2020年的0.47%、11.16%,近30年分别增加0.45和9.15个百分点,年均增加0.02和0.31个百分点。生态空间面积呈下降趋势,面积占比从1990年的77.09%下降至2020年的59.60%,年均减少0.58个百分点。生态生产空间的面积在1990—2000年为下降趋势,但从2010年始出现大幅增长,近30年共计增长7.9个百分点。

二、三生空间转移矩阵分析

精河县1990—2000年发生转移的空间面积为11.9745×10⁴ hm²,占精河县面积的 10.66％,四类空间均存在不同程度的转出量和转入量(表 6-4)。

表 6-4 精河县 1990—2000 年三生空间转移矩阵

		生活生产空间 面积/hm²	转入率/(%)	生产生态空间 面积/hm²	转入率/(%)	生态生产空间 面积/hm²	转入率/(%)	生态空间 面积/hm²	转入率/(%)	1990年转出
生活生产空间	面积/hm²	235.84		4.98	0.02	13.39	0.04	25.08	0.04	43.45
	转出率/(%)			11.47		30.81		57.73		100
生产生态空间	面积/hm²	180.23	26.18	18326.18		732.71	1.99	3369.98	5.91	4282.92
	转出率/(%)	4.21				17.11		78.68		100
生态生产空间	面积/hm²	86.96	12.63	8360.75	33.28	172352.77		53641.36	94.05	62089.08
	转出率/(%)	0.14		13.47				86.39		100
生态空间	面积/hm²	421.18	61.19	16756.06	66.70	36152.84	97.98	812790.17		53330.08
	转出率/(%)	0.79		31.42		67.79				100
2000年转入		688.37	100	25121.80	100	36898.94	100	57036.42	100	119745.22

生活生产空间发生转移空间面积最少。其转出方向为生态空间,占净转出量的 57.73％;空间转入主要来源于生态空间、生产生态空间,分别占净转入量的 69.19％、26.18％,共转入 0.0601×10⁴ hm²。随着城市化进程不断加快,生活生产空间不断扩张,尽管部分空间转为生态空间,但转出量远小于生态空间的转入量。

生产生态空间净转出量为 0.4283×10⁴ hm²,转出方向为生态空间,占净转出量的 78.68％;空间面积转入主要来源于生态空间,占净转入量的 66.70％,共转入 1.6756×10⁴ hm²,说明生态空间的开发利用在逐渐被限制。

生态生产空间转出面积占精河县总转移面积的 51.85％,是这一阶段转换面积最多的空间,主要是以 86.39％的输出率对生态空间进行补充。

生态空间转出面积占精河县总转移面积的44.54%,其中有67.79%的空间转为生态生产空间,31.42%的空间转为生产生态空间。

2000—2010年发生转移的空间面积为13.5831×10⁴ hm²,占精河县面积的12.09%,较1990—2000年间的转换强度有所增加(表6-5)。生态空间转出方向主要为生态生产空间,占比58.10%。生活生产空间在这一阶段的转移量最少且以转入为主,净转入量为0.1987×10⁴ hm²;生态空间以转出为主,净转出9.9438×10⁴ hm²;生产生态空间持续扩张,扩张面积达4.3800×10⁴ hm²。

表6-5 精河县2000—2010年三生空间转移矩阵

		生活生产空间		生产生态空间		生态生产空间		生态空间		2000年转出
		面积/hm²	转入率/(%)	面积/hm²	转入率/(%)	面积/hm²	转入率/(%)	面积/hm²	转入率/(%)	
生活生产空间	面积/hm²	746.67		36.64	0.08	54.72	0.09	86.18	0.28	177.54
	转出率/(%)			20.64		30.82		48.54		100
生产生态空间	面积/hm²	401.97	20.22	37814.19		1551.47	2.61	3680.41	12.00	5633.85
	转出率/(%)	7.13				27.54		65.33		100
生态生产空间	面积/hm²	113.22	5.70	3576.19	8.16	178691.30		26892.39	87.71	30581.80
	转出率/(%)	0.37		11.69				87.94		100
生态空间	面积/hm²	1472.67	74.08	40187.80	91.75	57777.72	97.30	770439.77		99438.18
	转出率/(%)	1.48		40.41		58.10				100
2010年转入		1987.86	100	43800.63	100	59383.90	100	30658.98	100	135831.37

2010—2020年发生转移的面积持续增加,较上一阶段增加7.3255×10⁴ hm²,为近30年空间转换活动强度最剧烈的时期(表6-6)。这一阶段空间面积变化主要表现为生态用地被其他三类空间所占据,分别占据0.2482×10⁴ hm²、4.3149×10⁴ hm²、12.0020×10⁴ hm²,共占这一阶段总转移面积的79.23%。15.24%的生

活生产空间、72.45%的生态空间转出为生态生产空间。对于生态空间的转入面积而言,98.48%来源于生态生产空间,1.42%来源于生产生态空间,0.11%来源于生活生产空间。

表 6-6　精河县 2010—2020 年三生空间转移矩阵

		生活生产空间		生产生态空间		生态生产空间		生态空间		2010 年转出
		面积/hm²	转入率/(%)	面积/hm²	转入率/(%)	面积/hm²	转入率/(%)	面积/hm²	转入率/(%)	
生活生产空间	面积/hm²	1890.79		484.12	0.98	128.55	0.11	231.06	0.67	843.73
	转出率/(%)			57.38		15.24		27.39		100
生产生态空间	面积/hm²	569.33	16.78	75823.45		1729.20	1.42	3493.22	10.19	5791.75
	转出率/(%)	9.83				29.86		60.31		100
生态生产空间	面积/hm²	341.29	10.06	5911.70	11.93	201275.85		30547.80	89.13	36800.78
	转出率/(%)	0.93		16.06				83.01		100
生态空间	面积/hm²	2482.10	73.16	43148.55	87.09	120019.75	98.48	635398.53		165650.39
	转出率/(%)	1.50		26.05		72.45				100
2020 年转入		3392.71	100	49544.37	100	121877.49	100	34272.08	100	209086.66

总体来看,1990—2020 年精河县各三生空间的转移,整体呈现生态空间被生活生产空间、生产生态空间占据的态势。结合精河县实际空间布局状况发现,生态用地减少位置主要出现在沙漠、湖泊附近。在经济建设快速发展的前提下,受到产业发展的影响,研究区迫切需要足够的土地资源顺应发展,导致土地利用活动的强度加大。随着时间的推移,生活生产用地逐渐以各乡镇为中心扩张,并形成团块、条带状的明显聚集区,对周边的耕地、未利用地的侵占强度逐渐加强。生态空间大面积被开发成为耕地和建设用地,以满足人们在生产生活中的需求,使得生态容纳空间及生态环境修复空间减少。

第三节　精河县三生空间冲突评价

一、三生空间冲突分量指数分析

本研究根据三生空间冲突测度模型,利用 Fragstats 平台获得三生空间类型及土地利用类型的斑块面积、周长及斑块数量,在此基础上计算得出每个格网的景观面积加权平均斑块分形指数(空间复杂性指数)、景观脆弱度指数(空间脆弱性指数)、景观破碎度(空间稳定性指数)。为便于进行年际对比,本研究将各指数进行归一化处理,消除无量纲,最后将各指数赋值到矢量文件格网的质心,运用克里金插值法,得到精河县四期空间冲突指数分布结果。

(一)三生空间复杂性分析

本研究选取面积加权平均斑块分形指数来表示三生空间区域外部压力,测度空间斑块形状的复杂状况。面积加权平均斑块分形指数越高,说明空间分布越趋于复杂。四个时期的三生空间复杂程度分布差异明显,高值区与生活空间、生产生态空间、南部的生态生产空间分布空间一致,低值区则主要分布在生态空间、生态生产空间、北部的艾比湖湖区(图 6-5)。分形指数反映的空间特征,表明了精河县生活生产空间和生产生态空间、南部婆罗科努山脉的生态生产空间和生态空间复杂程度较高,艾比湖湖区和生态空间未利用地中心空间复杂程度较低。其中,1990 年三生空间系统中空间复杂面积集中,规模较小;2000 年南部婆罗科努山脉分布的生态空间和生态生产空间面积进一步扩张,同时生产生态空间分布的面积减少;2010 年开始,生态空间面积边缘复杂程度发生较大变化,环荒漠空间复杂程度增加,至 2020 年生态空间面积边缘复杂程度进一步加剧。

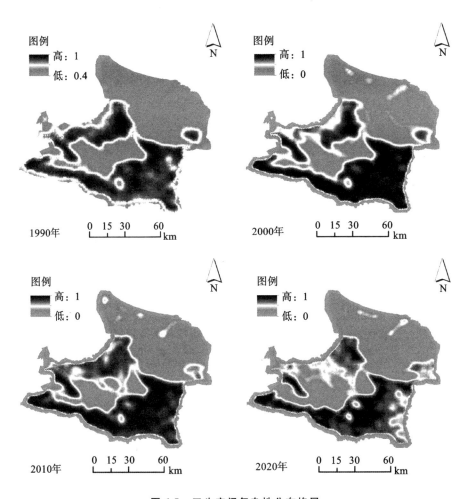

图 6-5　三生空间复杂性分布格局

（二）三生空间脆弱性分析

本研究利用景观脆弱度指数测度空间抵抗外界压力的能力,景观脆弱度指数越高则越容易丧失生态功能,也就越脆弱。总体上,高值区主要存在于生态空间,低值区主要存在于生产生态空间及生态生产空间(图 6-6)。随着社会经济及绿洲农业的发展,1990—2020 年,三生空间脆弱性高的生态空间,逐渐被生产生态空间及生态生产空间所取代,使得部分生态空间脆弱性降低,主要变化空间出现在甘家湖梭梭林国家级自然保护区周边、艾比湖湿地自然保护区西北部、且达盖沙漠及木特塔尔沙漠。

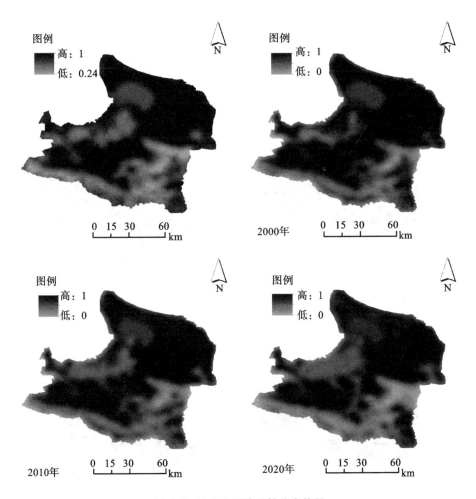

图 6-6　三生空间脆弱性分布格局

(三)三生空间稳定性分析

本研究利用景观破碎度指数表示空间形态的破碎程度,指数越高说明空间斑块的形态越破碎,稳定性越差,呈现出的三生空间的冲突强度也就越高。该指数所反映的能力,是一种对生态灾害的扩散能力,即当指数较低,也就是空间结构稳定性比较高的时候,土地类型上生态效益高的土地能趋于稳定状态,从而避免向生态效益低的土地发展和扩散,三生空间单元的空间整体性和稳定性也就越高。研究结果表明,精河县稳定性较差的空间主要分布在生活生产空间与生态生产空间交界处,以及南部山区西北部(图 6-7)。

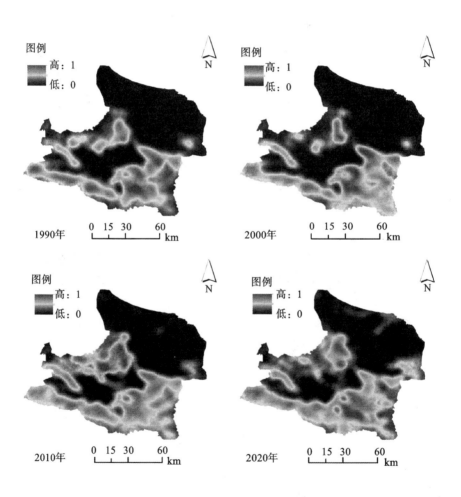

图 6-7　三生空间稳定性分布格局

二、三生空间冲突时空动态特征分析

(一)三生空间冲突时间变化分析

本研究基于本章第一节来构建空间冲突测度模型,测算精河县 1990 年、2000 年、2010 年、2020 年三生空间冲突综合指数(表 6-7),并依据研究区实际情况对三生空间冲突综合指数值进行分级:弱空间冲突($0 \leqslant PLE_{CI} \leqslant 0.61$)、较弱空间冲突($0.61 < PLE_{CI} \leqslant 0.67$)、中等空间冲突($0.67 < PLE_{CI} \leqslant 0.73$)、较强空间冲突($0.73 < PLE_{CI} \leqslant 0.79$)、强空间冲突($0.79 < PLE_{CI} \leqslant 1$),定量评价空间单元冲突水平(图 6-8)。

表 6-7 精河县三生空间冲突综合指数

冲突类型	冲突分级	冲突空间单元数量/个				冲突单元占比/(%)			
		1990	2000	2010	2020	1990	2000	2010	2020
弱空间冲突	0~0.61	222	423	433	643	7.39	14.09	14.42	21.41
较弱空间冲突	0.61~0.67	1490	1092	1155	930	49.62	36.36	38.46	30.97
中等空间冲突	0.67~0.73	593	529	664	786	19.75	17.62	22.11	26.17
较强空间冲突	0.73~0.79	461	452	491	423	15.35	15.05	16.35	14.09
强空间冲突	0.79~1	237	507	260	221	7.89	16.88	8.66	7.36
合计		3003	3003	3003	3003	100	100	100	100
平均冲突指数		0.675	0.677	0.654	0.645				

1990 年,精河县整体表现为中等空间冲突水平,中等及以下空间冲突单元总数占比达到 76.76%。其中,较弱空间冲突单元总数最高,为 1490 个,以面状分布在精河县东北部及中部生态空间;弱空间冲突单元总数最低,为 222 个,集中分布于艾比湖湖区;中等空间冲突单元总数占比为 19.75%,主要分布于生产生态空间北部地区、精河县东南地区生态空间与生态生产空间交界处;较强空间冲突和强

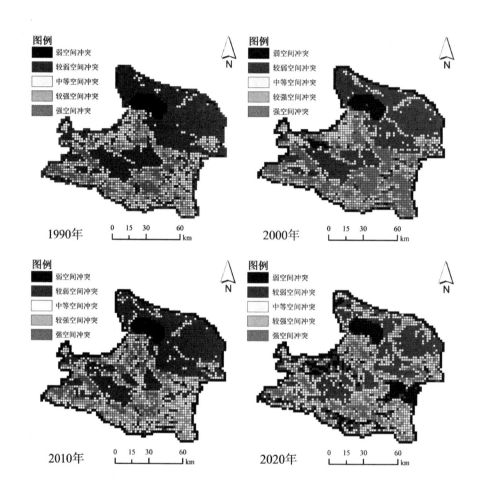

图 6-8 精河县三生空间冲突布局

空间冲突单元总数占比为 23.24%,主要分布于生活生产空间及其与生产生态空间交界处、南部地区的生态生产空间。

2000 年,精河县空间冲突综合指数较 1990 年小幅度增加,增加值为 0.002,空间冲突水平依然处于中等偏弱冲突。弱空间冲突和强空间冲突呈现扩张趋势,空间冲突单元较 1990 年分别增加 201 个、270 个。前者扩张空间主要以条带状分布在精河县县界处,后者扩张空间主要在各乡镇中心及精河上游附近,以团块状集聚。其余空间冲突类型出现不同程度的空间格局萎缩,其中较弱空间冲突的空间格局萎缩程度最高,这是由于精河县东北部生态空间沿河流、沿道路空间冲突水平上升;另外由于精河县南部冲突水平大幅上升,部分空间单元转换为强空间冲突,导致中等空间冲突和较强空间冲突单元总数占比下降。

2010 年,精河县空间冲突指数较 2000 年下降,整体呈现出较弱的空间冲突水平。从空间单元数量来看,弱空间冲突、较弱空间冲突、中等空间冲突、较强空间冲突单元数量相较于 2000 年有所增加,表明这三类冲突类型在这 10 年里呈现扩张趋势;强空间冲突单元数量较 2000 年减少一半,表明精河县 2002 年启动的退耕还林、退牧还草生态保护政策有了明显的效果。从空间分布上看,精河县南部以中等及以上空间冲突为主,强空间冲突多位于生态空间与生态生产空间、生活生产空间和生产生态空间交界处。

2020 年,精河县空间冲突指数进一步下降,中等及更弱的空间冲突单元数量占总单元数达到 78.55%,较强空间冲突和强空间冲突单元数量持续减少,占总冲突单元数比 2010 年减少 3.56 个百分点。从空间分布上看,弱空间冲突向生产生态空间蔓延,并在托托镇以南的地区以团块状集聚;较弱空间冲突相较于前几期,分布出现破碎化,以团块状集聚在精河县北部木特塔尔沙漠、艾比湖周边,以及生产生态空间以南的旦达盖沙漠等;中等空间冲突则沿河流、道路以条带状分布,部分出现在生态空间与其他空间类型的交界处;强空间冲突分布于各乡镇及生态生产空间,多被较强空间冲突包围。

总体而言,1990—2020 年精河县空间冲突水平在前 10 年呈增高趋势,后 20 年呈下降趋势。其中弱空间冲突单元数量占比呈增加趋势,空间格局扩张;中等空间冲突单元数量占比呈波动增加趋势,空间上由集中分布在生产生态空间和精河南部生态空间,转为沿河流、道路以条带状分布,或分布于生态空间与其他空间类型的交界处;较弱空间冲突、较强空间冲突、强空间冲突呈波动减少趋势,前者由以面状分布在研究区生态用地,转为以团块状破碎分布;较强空间冲突与强空间冲突,随着精河县社会经济建设、发展,开始向整个县域范围分散分布。

(二)三生空间冲突空间动态变化分析

对于精河县三生空间冲突类型空间变化,可分四个阶段计算其速率(表 6-8)。

表 6-8　研究区三生空间冲突类型空间变化速率　　　　　（单位：%）

空间冲突类型	1990—2000 年			2000—2010 年			2010—2020 年			1990—2020 年		
	IRL	TRL	CCL	IRL	TRL	CCL	IRL	TRL	CCL	IRL	TRL	CCL
弱空间冲突	9.06	2.06	11.12	0.24	0.65	0.89	4.87	0.77	5.64	6.34	0.89	7.23
较弱空间冲突	−2.67	5.24	2.57	0.58	1.83	2.41	−1.96	7.18	5.22	−1.26	4.02	2.77
中等空间冲突	−1.08	16.36	15.29	2.55	10.20	12.75	1.85	15.60	17.46	1.09	5.89	6.98
较强空间冲突	−0.19	18.64	18.45	0.86	14.69	15.55	−1.39	20.90	19.51	−0.28	8.48	8.21
强空间冲突	11.38	3.24	14.62	−4.87	20.31	15.44	−1.54	16.25	14.71	−0.24	8.80	8.50

注：IRL、TRL、CCL 分别为三生空间冲突类型的新增、转移和变化速率。

结果表明,1990—2020 年较强空间冲突与强空间冲突空间变化最为活跃,空间变化率分别为 8.21%、8.50%;活跃度最低的是较弱空间冲突,其空间变化率仅有 2.77%。1990—2020 年弱空间冲突的新增速率最大,并且是转移速率的 7 倍之多,属于高速扩展型;较强空间冲突与强空间冲突的转移速率均大于新增速率 30 倍以上,属于高速衰退型。

具体来看,1990—2000 年精河县三生空间冲突变化最活跃的是较强空间冲突,其空间变化率为 18.45%。弱空间冲突与强空间冲突的新增速率分别约是同期转移速率 4.40 倍、3.50 倍,属于高速扩展型;较弱空间冲突、中等空间冲突、较强空间冲突的新增速率均低于同期转移速率,属于衰退型,其中较强空间冲突衰退程度最高,转移速率约是同期新增速率 98 倍。

2000—2010 年,精河县三生空间冲突变化活跃度较上一阶段减弱,空间变化最活跃的空间冲突类型是较强空间冲突和强空间冲突,其空间变化率分别为15.55%、15.44%;空间变化活跃度最低的为弱空间冲突,空间变化率为0.89%。这一阶段各空间冲突类型均有着不同程度的衰退,其中,衰退程度最低的弱空间冲突转移速率是同期新增速率的2.71倍;衰退程度最高的较强空间冲突转移速率是同期新增速率的18.08倍。

2010—2020年,精河县三生空间冲突变化活跃度较上一阶段增强,空间变化最活跃的空间冲突类型是较强空间冲突,空间变化率为19.51%;空间变化活跃度最低的是较弱空间冲突和弱空间冲突,空间变化率分别为5.22%、5.64%。这一阶段的弱空间冲突表现为高速扩展型,其新增速率是转移速率的6.32倍;其余空间冲突类型都存在不同程度的衰退。其中,衰退程度最高的较强空间冲突转移速率是同期新增速率的16.04倍;衰退程度最低的较弱空间冲突转移速率是同期新增速率的4.66倍。

研究区三生空间冲突的空间变化率指数如表6-9所示。结果表明,1990—2000年中等空间冲突的空间变化最为明显,变化率指数达3.02%,说明中等空间冲突与同期其他空间冲突类型转化幅度最大,变化最为剧烈;较强空间冲突次之,变化率指数为2.84%,弱空间冲突变化最弱,变化率指数仅为0.82%。

2000—2010年,中等及以上空间冲突的空间变化最剧烈,变化率指数分别为2.25%、2.34%、2.61%;弱空间冲突与上一时段一致,仍是空间变化最弱的空间冲突类型,其空间变化指数仅为0.13%。

2010—2020年,中等空间冲突变化最为明显,空间变化率指数达到3.86%,较强空间冲突次之,空间变化率指数为3.19%,弱空间冲突变化最弱,空间变化率指数为0.81%。

从前后三个时段可看出,除弱空间冲突空间变化率指数波动减少以外,其他空间冲突类型的空间变化率指数均不同程度的波动增加,说明弱空间冲突与其他空间冲突类型之间的转化频率减弱;较弱空间冲突、中等空间冲突和较强空间冲突与其他空间冲突类型之间的转化频率持续增加,空间动态变化突出;强空间冲突相较于前三者与其他空间冲突类型之间的转化频率较低。

表 6-9 研究区三生空间冲突的空间变化率指数 （单位：%）

时段	弱空间冲突	较弱空间冲突	中等空间冲突	较强空间冲突	强空间冲突
1990—2000 年	0.82	1.27	3.02	2.84	1.16
2000—2010 年	0.13	0.88	2.25	2.34	2.61
2010—2020 年	0.81	2.01	3.86	3.19	1.28
1990—2020 年	0.53	1.37	1.38	1.26	0.68

三、三生空间冲突分异特征分析

为更好地揭示精河县各个空间类型的空间冲突情况,本研究运用 ArcGIS 10.5 提取分析功能,将各个空间类型范围内的空间冲突进行提取,获得 1990—2020 年各个空间类型空间冲突分布格局,分析精河县各个空间类型的空间冲突类型。

（一）生活生产空间冲突分布格局

1990—2020 年,随着社会经济发展,精河县生活生产空间面积呈持续扩张趋势(图 6-9、图 6-10),由 1990 年的 146.71 hm² 增加至 2020 年的 4194.05 hm²,致使其空间冲突类型及其分布格局也发生了显著的变化。其中,弱空间冲突面积增加 241.05 hm²;较弱空间冲突面积增加 545.60 hm²;中等空间冲突面积增加 1183.60 hm²;较强空间冲突面积增加 755.73 hm²;强空间冲突面积增加 1321.37 hm²。从空间冲突综合指数来看,1990 年、2000 年、2010 年、2020 年精河县生活生产空间平均空间冲突综合指数分别为 0.739、0.798、0.791、0.744,呈现先增长后减少的波动变化,最终 2020 年与 1990 年基本持平。

1990 年,精河县生活生产空间处于较强空间冲突水平,较强及以上空间冲突面积占比达到 50.80%,各空间冲突类型面积占比呈现较弱空间冲突大于较强和强空间冲突的特点。

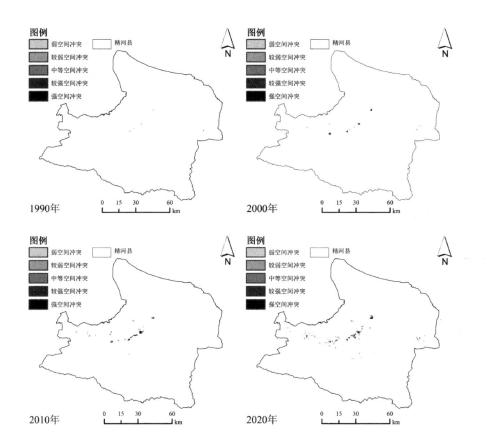

图 6-9　精河县生活生产空间冲突类型空间分布

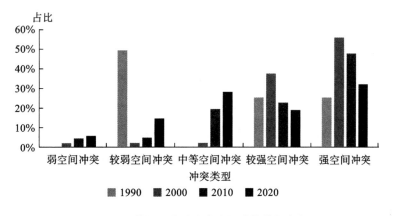

图 6-10　精河县生活生产空间冲突等级变化

2000年,精河县生活生产空间处于强空间冲突水平,相较于1990年冲突强度大幅上升,较强及以上空间冲突面积占比达93.72%,主要分布在精河镇、托里镇和83团场。各空间冲突类型按面积占比排序为:强空间冲突＞较强空间冲突＞中等空间冲突,另外中等空间冲突、较弱空间冲突及弱空间冲突三种类型占比大致相同。

2010年,精河县生活生产空间冲突水平及各空间冲突类型面积占比与2000年保持一致,较强及以上空间冲突面积占比达到70.83%,相较于2000年空间冲突强度有所下降,强空间冲突主要呈条带状沿道路分布于精河镇至托里镇。

2020年,精河县生活生产空间冲突水平与1990年保持一致,各空间冲突类型按面积占比排序转变为:强空间冲突＞中等空间冲突＞较强空间冲突＞较弱空间冲突＞弱空间冲突。这一时期空间冲突强度相较于2010年进一步下降,强空间冲突零星分散在精河盐场、精河镇、托里镇、托托镇。

(二) 生产生态空间冲突分布格局

1990—2020年,精河县生产生态空间随绿洲农业发展,空间面积大幅扩张,由1990年的2.1889×10^4 hm²增长至12.5875×10^4 hm²,共增长4.75倍,使其空间冲突类型的空间分布格局发生了显著的变化(图6-11、图6-12)。其中,弱空间冲突面积增加3.5502×10^4 hm²;较弱空间冲突面积增加3.5552×10^4 hm²;中等空间冲突面积增加2.1370×10^4 hm²;较强空间冲突面积增加0.9512×10^4 hm²;强空间冲突面积增加0.2049×10^4 hm²。从空间冲突综合指数来看,1990年、2000年、2010年、2020年精河县生产生态空间平均空间冲突综合指数分别为0.751、0.707、0.712、0.657,整体呈现持续下降的趋势。

1990年,精河县生产生态空间存在较弱空间冲突、中等空间冲突、较强空间冲突和强空间冲突四种类型,各空间冲突类型按面积占比排序为:较强空间冲突＞中等空间冲突＞强空间冲突＞较弱空间冲突,其中较强及以上空间冲突面积占比达到60.61%。强空间冲突主要分布在精河县县城、托里镇、大河沿子镇附近,以及空间东北方向与生态空间交界处。

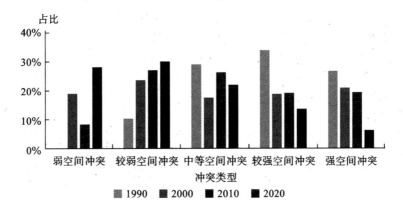

图 6-11 精河县生产生态空间冲突等级变化

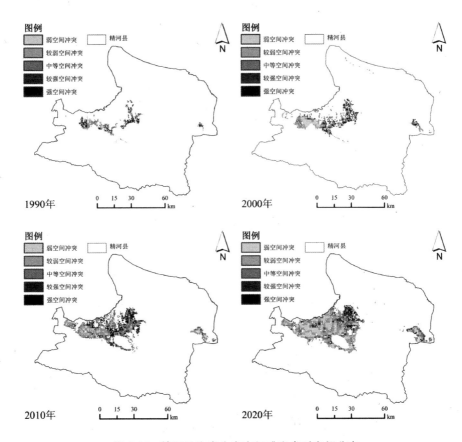

图 6-12 精河县生产生态空间冲突类型空间分布

2000年,精河县生产生态空间各冲突类型按面积占比排序转变为:较弱空间冲突＞强空间冲突＞弱空间冲突＞较强空间冲突＞中等空间冲突,其中较强及以上空间冲突占比达39.59％,相较于1990年冲突强度下降。强空间冲突主要分布在空间东部精河县县城及其以北地区、旦达盖沙漠西北方向、大河沿子镇北部与生态空间交界处。

2010年,精河县生产生态空间冲突水平与2000年保持一致,各空间冲突类型按面积占比排序转变为:较弱空间冲突＞中等空间冲突＞强空间冲突＞较强空间冲突＞弱空间冲突,较强及以上空间冲突面积占比达38.51％,强空间冲突主要分布在生产生态空间与生活生产空间、生态空间交界处及旦达盖沙漠南部农业区。

2020年,精河县生产生态空间处于较弱空间冲突水平,各空间冲突类型按面积占比排序转变为:较弱空间冲突＞弱空间冲突＞中等空间冲突＞较强空间冲突＞强空间冲突,较强及以上空间冲突面积占比仅占19.72％。这一时期空间冲突强度相较于2010年进一步下降,强空间冲突零星分散在精河县县城及其以北与生态空间交界处、托托镇。

(三)生态生产空间冲突分布格局

1990—2020年,精河县生态生产空间出现了萎缩-恢复的过程,其空间冲突分布格局也随之发生了改变(图6-13、图6-14)。

近30年,研究区弱空间冲突面积共增加$5.8690×10^4$ hm²;较弱空间冲突面积增加$3.7765×10^4$ hm²;中等空间冲突面积增加$1.5651×10^4$ hm²;较强空间冲突面积减少$1.007×10^4$ hm²;强空间冲突面积减少$0.7729×10^4$ hm²。从空间冲突综合指数来看,1990年、2000年、2010年、2020年精河县生态生产空间平均空间冲突综合指数分别为0.690、0.714、0.679和0.649,呈现先增长后减少的波动变化趋势,空间冲突类型以中等空间冲突为主,近30年空间冲突水平由中等转变为较弱。

1990年,生态生产空间中各空间冲突类型按面积占比排序为:弱空间冲突＞较强空间冲突＞中等空间冲突＞较弱空间冲突＞强空间冲突,较强及以上空间冲突面积占比37.08％,强空间冲突主要分布在精河县南部婆罗科努山脉。

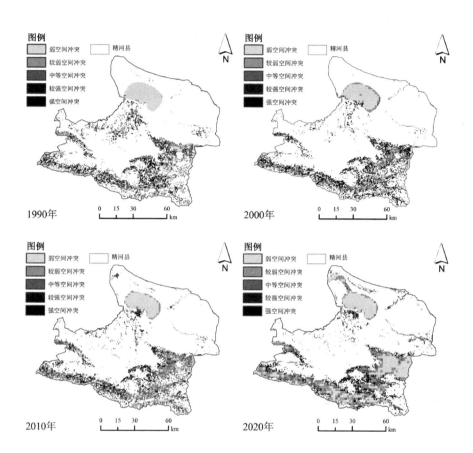

图 6-13 精河县生态生产空间冲突类型空间分布

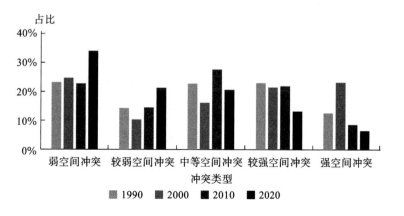

图 6-14 精河县生态生产空间冲突等级变化

2000 年,生态生产空间的空间冲突综合指数较 1990 年有所上升,说明空间冲突强度上升,各空间冲突类型按面积占比排序转变为:弱空间冲突＞较强空间冲突＞强空间冲突＞中等空间冲突＞较弱空间冲突,较强及以上空间冲突占比达 46.60%。其中,强空间冲突分布较 1990 年向婆罗科努山脉西南部偏移,并且在艾比湖南部湖周也有所分布。

2010 年,生态生产空间的空间冲突综合指数较 2000 年有所下降,说明在这个时期空间冲突强度减弱,各空间冲突类型按面积占比排序为:中等空间冲突＞弱空间冲突＞较强空间冲突＞较弱空间冲突＞强空间冲突,较强及以上空间冲突面积占比缩减至 31.98%,强空间冲突零星分布在婆罗科努山脉西南部和艾比湖南部湖周。

2020 年,生态生产空间的空间冲突综合指数有所下降,空间冲突强度持续减弱,较强及以上空间冲突面积占比进一步缩减至精河县生态生产空间冲突面积的 20.46%,强空间冲突零星分散在婆罗科努山脉中部与生态空间交界处,以及艾比湖南部湖周、精河盐场附近。

(四)生态空间冲突分布格局

1990—2020 年,随着社会经济发展带动的生活生产空间、生产生态空间的扩张,以及在生态保护措施下艾比湖湖区生态的恢复,精河县生态空间冲突面积呈现持续下降趋势(图 6-15、图 6-16)。

研究区近 30 年弱空间冲突面积共增加 $1.0716×10^4$ hm²,较弱空间冲突面积减少 $22.9562×10^4$ hm²,中等空间冲突面积增加 $3.5915×10^4$ hm²,较强空间冲突面积减少 $1.2502×10^4$ hm²,强空间冲突面积减少 $0.1561×10^4$ hm²。从空间冲突综合指数来看,1990 年、2000 年、2010 年、2020 年,精河县生态空间平均空间冲突综合指数分别为 0.673、0.704、0.679、0.686,呈现先增长后减少的波动变化,空间冲突类型以中等空间冲突为主,并整体处于中等空间冲突水平。

1990 年,生态空间中各空间冲突类型按面积占比排序为:较弱空间冲突＞中等空间冲突＞较强空间冲突＞强空间冲突＞弱空间冲突,较强及以上空间冲

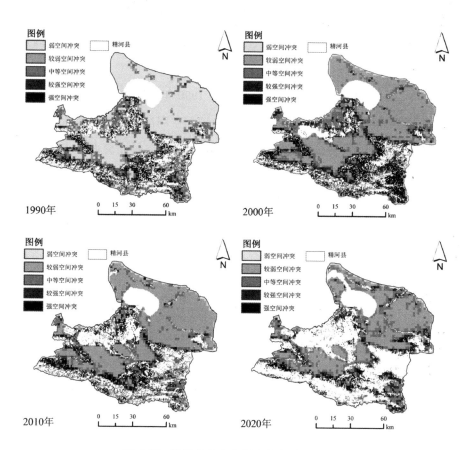

图 6-15 精河县生态空间冲突类型空间分布

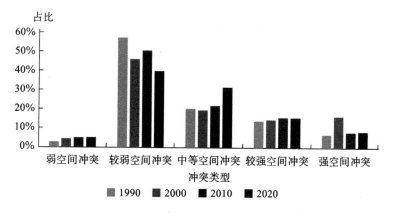

图 6-16 精河县生态空间冲突等级变化

突面积占比仅为 20.06%。其中,强空间冲突主要分布在精河县南部婆罗科努山脉的景区附近,包括大小海子景区、巴音阿门旅游区、冬都精景区和库姆斯其克以南地区。

2000 年,生态空间的空间冲突综合指数较 1990 年有所上升,空间冲突强度上升,各空间冲突类型按面积占比排序转变为:较弱空间冲突＞中等空间冲突＞强空间冲突＞较强空间冲突＞弱空间冲突,较强及以上空间冲突面积占比增加至 30.30%。强空间冲突分布较 1990 年有所扩张,连片分布在南部山区、成条状分布在哈布其阔腊附近。其中,婆罗科努山景区强空间冲突分布空间扩张,精河上游哈尔朵格尔及其附近也由 1990 年的中等空间冲突转变为强空间冲突。

2010 年,生态空间的空间冲突综合指数较 2000 年有所下降,空间冲突强度减弱,各空间冲突类型面积占比与 1990 年保持一致,较强及以上空间冲突面积占比缩减至 23.23%。其中,强空间冲突除呈条状分布在哈布其阔腊外,还零星分布在婆罗科努山脉北部旅游景区及生态空间与生产生态空间交界处。

2020 年,生态空间的空间冲突综合指数较 2010 年有所下降,空间冲突强度减弱,各空间冲突类型面积占比依然与 1990 年保持一致,较强及以上空间冲突面积占比增加至 23.85%。其中,与 2010 年相较,强空间冲突开始在托托镇附近出现。

四、三生空间冲突变化核密度特征

本研究按 1990—2000 年、2000—2010 年、2010—2020 年三个时段,在 ArcGIS 10.5 软件中提取每一时段精河县各类空间冲突变化斑块并计算各斑块质心,完成核密度分析(图 6-17)。

1990—2000 年,精河县三生空间冲突变化密度值差异较大,冲突变化热点区域存在三个中心,分别是由精河镇、茫丁乡、托里镇组成的中心,冬都精景区和恰合来尼勒克村。同时,大河沿子镇、托托镇虽范围不大但也存在较密集的变化。

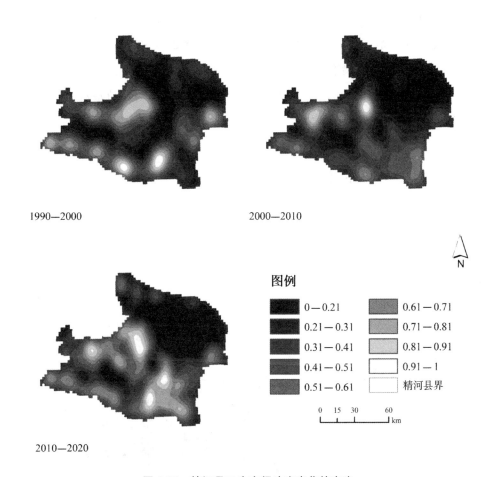

1990—2000

2000—2010

2010—2020

图例

■ 0 — 0.21	▨ 0.61 — 0.71
■ 0.21 — 0.31	▨ 0.71 — 0.81
■ 0.31 — 0.41	▨ 0.81 — 0.91
■ 0.41 — 0.51	□ 0.91 — 1
■ 0.51 — 0.61	□ 精河县界

0 15 30   60
└──┴──┴──────┘ km

图 6-17 精河县三生空间冲突变化核密度

2000—2010 年,精河县三生空间冲突变化热点区域较上一时段大幅缩减,主要还有精河镇和大河沿子镇两个中心,其中位于婆罗科努山脉的精河上游密度值增加,而以冬都精景区、恰合来尼勒克村为中心的空间密度值减少。这和精河县2002 年启动的退耕还林、退牧还草工程得到了有效实施有着密切的联系。

2010—2020 年,精河县三生空间冲突变化热点区域为三个时段中占总空间面积最大的一个时段,冲突变化热点区域存在三个中心,分别是精河镇、大河沿子镇和由冬都精景区和巴音阿门旅游区组成的中心,茫丁乡、托里镇、托托镇则变为位居其后的密集变化区。

整体而言,精河县三个时期的三生空间冲突变化密度值在其南北方向上存在较大的差异。精河县北部两个自然保护区、木特塔尔沙漠及以旦达盖为中心的中部,三生空间冲突变化密度值均较低,主要是由于这些区域以生态空间为主,多为荒漠土地和自然保护区,受大陆性气候影响,风沙多、植被稀疏,土地难以利用。

五、三生空间冲突空间变化的方向特征

为判断三生空间冲突变化的方向性特征,本研究利用标准差椭圆分析方法,得到精河县三生空间冲突的标准差椭圆(图 6-18),以及相对应的参数结果值(表 6-10)。

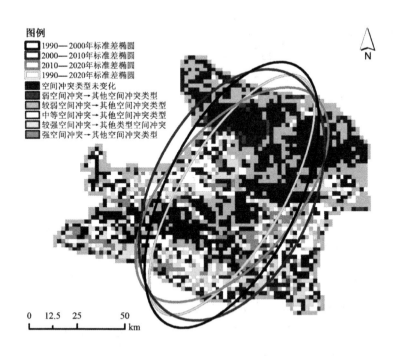

图 6-18 1990—2020 年三生空间冲突变化标准差椭圆

表 6-10　1990—2020 年三生空间冲突变化标准差椭圆参数

时段	中心 $x/°$	中心 $y/°$	x 轴标准差/km	y 轴标准差/km	旋转角度/°	椭圆面积/km²	椭圆周长/km	扁率
1990—2000	82.9043	44.5506	72.81	33.97	27.18	7769.06	346.63	0.53
2000—2010	82.9038	44.5504	67.57	41.03	27.29	8709.40	346.29	0.39
2010—2020	82.9041	44.5500	65.27	33.38	41.17	6843.48	318.04	0.49
1990—2020	82.9044	44.5504	69.05	26.01	31.89	5641.39	314.12	0.62

结果表明,各时段标准差椭圆的覆盖范围整体向西南方向扩展,且包含精河镇、托里镇一线的乡镇区、巴音阿门旅游区、大小海子景区,覆盖范围以生活生产空间、生态空间、生态生产空间为主。同时,由于三生空间冲突变化标准差椭圆的核心覆盖范围主要覆盖在地势较低的生态空间,表明精河县三生空间冲突在此范围内冲突变化剧烈。

标准差椭圆参数结果显示,近 30 年椭圆短轴逐渐缩短,表明精河镇的行政及经济中心地位逐渐建立,三生空间冲突变化逐渐聚集在其周围。椭圆长轴逐渐减小,且其与椭圆短轴的差值先减小后增加,标准差椭圆的中心位置,在东北至西南方向上出现了移动,说明近 30 年,三生空间冲突变化在东北—西南方向上有集中体现。标准差椭圆的面积呈先增加后减少的波动变化趋势,即先增加 940.34 km²,后减少 1865.92 km²,表明研究期内三生空间冲突变化的范围先呈扩张趋势,后呈缩小趋势,但总体呈缩小趋势。

六、三生空间冲突的潜在生态风险特征

(一)三生空间生态风险分布格局

计算研究区 1990 年、2000 年、2010 年及 2020 年每个评价单元的生态风险值,并进行普通克里金插值,最终结果依次按 ERI>0.95、0.75<ERI≤0.95、0.6<

ERI≤0.75、0.3＜ERI≤0.6、ERI≤0.3 划分,分别对应高、较高、中等、较低、低 5 个等级(图 6-19)。

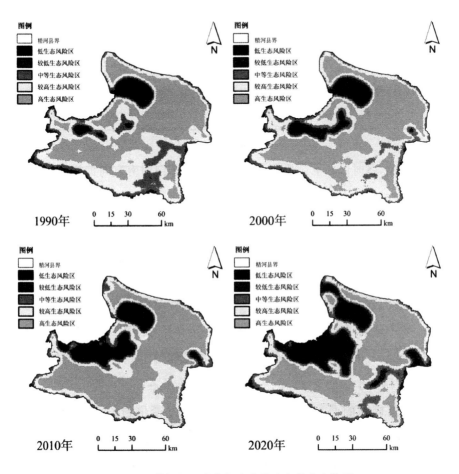

图 6-19 精河县三生空间生态风险空间分布格局

结果显示,近30年精河县高生态风险区集中呈面状分布在生态空间,这主要是由于生态空间由未利用地和草地组成,其空间整体破碎度较低、分离度较小,但因未利用地的脆弱度较高,因此虽表现为弱空间冲突,却成为高生态风险区。较高生态风险区主要分布于艾比湖周边、生活生产空间、生产生态空间边缘、精河县南部山区的生态生产空间及生态空间。这主要是由于生产生态空间边缘区域及生态生产空间的空间破碎度高,分离度亦大,导致其损失度大,最终呈现较高生态风险值。中等生态风险区主要分布在精河县中西部生产生态空间与生活生产空间交错分布的区域、南部生态生产空间与生态空间交错的部分区域。较低风险区主要分布在各空间类型与生态空间交错分布的区域，如艾比湖周边及生产生态空间边缘，并在生产生态空间扩张的影响下，不断向外移动。低生态风险区主要分布在精河县生产生态空间北部的艾比湖湖区及中南部的大部分耕地。

结合精河县三生空间冲突来看，并不是冲突强度越大，生态风险越高，如生态空间因其分布范围广，斑块大面积分布在县域内，空间结构稳定，以弱空间冲突强度为主，但因其生态脆弱度高，却成为高生态风险区。而生产生态空间因受绿洲农业发展影响，面积迅速扩张，空间结构日趋稳定，中等及以上空间冲突强度占比虽在 2020 年仍能达到 41.75％，但其整体却呈现为低生态风险区。

（二）空间冲突与生态风险双变量自相关分析

为更加直观地观察精河县三生空间冲突与其生态风险的空间相关情况，本研究使用三生空间冲突指数与三生空间生态风险指数，以 2 km×2 km 的格网为评价单元，利用 Geoda 绘制双变量局部空间自相关 LISA 聚集图(图 6-20)。

结果显示，1990—2020 年精河县三生空间冲突与生态风险的聚集主要分布在中部生产生态空间、生活生产空间及北部艾比湖生态空间，近 30 年，总体分布呈现出由连片聚集向零碎聚集的趋势。其中，低-低聚集区域在 30 年间变化较大，1990 年主要聚集在艾比湖及精河县行政边界边缘区域。2000 年与 2010 年聚集区域变化幅度虽然很小，但相对于 1990 年而言，在精河县行政边界边缘的聚集区域开始减少，并集中成团状聚集在以大河沿子镇为中心的生产生活空间及生产生态空间。至 2020 年，随着生态保护工作力度加强，艾比湖湖面得以恢复，加之绿洲农业的快速发展，使得低-低聚集区向艾比湖西北方向不断扩张，并且在绿洲农业区，以阿合奇农场、大河沿子镇、托里镇为中心连片分布。

低-高聚集区域分布范围最广，主要分布在精河县行政范围内的未利用地。因其土地利用较为单一，呈现出稳定的空间结构，表现为弱空间冲突，但由于未利用地生态最为脆弱，导致其成为高生态风险区。30 年间这一聚集区域分布面积逐渐

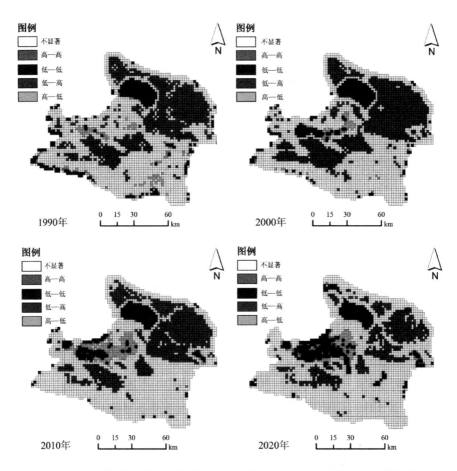

图 6-20　精河县三生空间冲突与三生空间生态风险的双变量 LISA 聚集图

缩小,由 1990 年连片分布转为 2020 年以团块状分布于未利用地。这是由于在社会经济的快速发展及生态保护政策的有效实施影响下,绿洲农业区不断扩张,艾比湖湖区逐渐恢复,最终使得未利用地面积减少,呈现出弱空间冲突-高生态风险区的聚集现象。

高-低聚集区域分布面积呈先增加后减少特征,且主要分布在绿洲区。1990年,其在西部生产生态空间的耕地出现小范围的聚集,并零星分布在东南部生态生产空间的林地。至 2000 年,开始集中聚集在生产生态空间的耕地及生活生产空间,聚集面积在 2010 年分布最广。至 2020 年,其聚集区域主要分布在生产生态空间与生活生产空间交界处,并多以精河镇为中心呈团块状分布。

　　高-高聚集区域在2020年前并未出现,2020年后零星分布在艾比湖北部及绿洲南部边缘。其原因在于,近30年研究区绿洲农业快速发展,促使生活生产空间和生产生态空间不断扩张,使得艾比湖北部及绿洲南部边缘空间趋向复杂,呈现出强空间冲突-高生态风险聚集现象,其他区域则无显著的此类空间相关性。

　　综上,研究期内三生空间冲突与生态风险极少存在同时高聚集的情况,而低-高和高-低的情况分布最广。由于空间冲突本身会衍生一系列的生态问题,因此在发展经济、缓解强空间冲突的同时,仍不可忽略弱空间冲突的潜在生态风险。

第七章　土地利用环境效应分析

第一节　土地利用蒸散发分析

精河流域绿洲特殊的地理位置塑造了其脆弱的生态环境,但其演变不是某一单一因素作用的结果,而是自然因素和人文因素共同作用的产物。人类活动加剧了自然环境演变的速度,并产生了一系列非人类意愿的不确定结果,直接影响了精河流域的经济发展,破坏了生态环境的稳定性。事实上,作为荒漠绿洲生态系统,精河具有特殊的地理、地质、气候以及水文条件。荒漠绿洲在大尺度荒漠背景基质上以小尺度范围存在(范锡朋,1991),以不同生物群落为基础,构成了相对稳定且具有明显局地水文循环效应的异质性生态景观。荒漠绿洲水文过程受限于水体总量,其主要特点表现在水分垂向交换,并占据主导地位(康尔泗等,2007)。荒漠绿洲是干旱区内陆水文过程的主要引用源,一般是通过地表水或抽取地下水维系农业生产灌溉,田间水分主要消耗于蒸散发和下渗(补给地下水)。确定精河绿洲蒸散发过程对研究其水文与生态相互作用、水文循环、生态系统管理以及水资源的合理配置都具有重要意义。

本研究根据卫星遥感数据和气象站点的日值气象数据,以精河县为研究区域,基于地表土地利用与土地覆被变化数据,通过 Penman-Monteith 模型、SEBAL 模型、SEBS 模型,反演蒸散发量并分析蒸散发量在时间和空间上的变化规律和特征,以及对土地利用类型的响应。

一、蒸散发模型计算过程

（一）Penman-Monteith 模型计算过程

Penman-Monteith 模型是典型的模型计算方法,由于可以在较长时间尺度上获得其所需的气温、风速、湿度和太阳辐射 4 种参数而具有较好的适用性,被联合国粮食及农业组织(FAO)推荐为参考作物蒸散发量的计算方法(Richard,1998),因此其也被称为 FAO Penman-Monteith 模型,并在全世界范围内得到了大量的验证与应用(Fitzmaurice,2005),已取得良好的效果。

在 FAO Penman-Monteith 模型中,除了需要以上 4 种可以在常规气象站观测中获得的基本参数外(图 7-1),还需要借助一系列的地表通量、日地轨道数据等

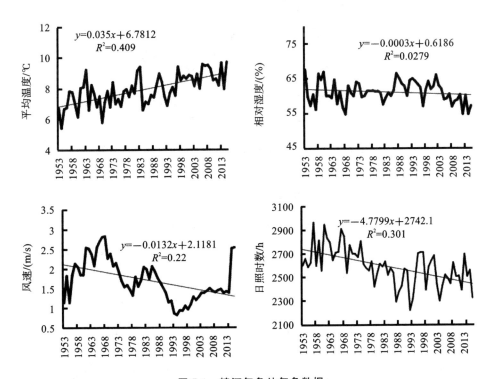

图 7-1　精河气象站气象数据

过程参数(表 7-1)在理论公式中进一步推导计算,最终得到参考作物蒸散发量(ET₀),如图 7-2 所示。

表 7-1　FAO Penman-Monteith 模型计算参数

	计算参数
基本参数	平均气温、日最低气温、日最高气温、平均相对湿度、日照时数、最小相对湿度、最大相对湿度
过程参数	饱和水气压、实际水气压、△、湿度表常数、最大可能日照时数、日较差、净长波辐射、太阳辐射、净短波辐射、大气边缘太阳辐射、土壤热通量、潜热通量、地理纬度、日对地相对高度、日倾角、日序数

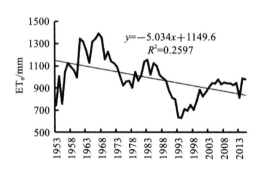

图 7-2　精河县 FAO Penman-Monteith 模型参考作物蒸散发量

　　尽管 FAO Penman-Monteith 公式具有坚实的物理理论基础,但是此方法也存在一定的缺点,即公式中的参数辐射和土壤热通量项是不能直接测量的,只能通过公式计算。当地表有植被覆盖或供水状况不充分时,蒸发、蒸腾量的估算就会出现偏差,此时,就需要对该公式进行修正。因此,考虑研究区当地农业发展和作物种植情况,本研究在上述 ET₀ 计算的基础上,借助地表作物在不同生长时期中需水量的生物学特性的作物系数 K_c,进一步计算实际蒸散发量 ET:

$$ET = ET_0 \cdot K_c \tag{7-1}$$

　　由于研究区支柱产业为棉花种植,因此,本研究根据新疆当地棉花的生长周期并考虑不同生育阶段,逐月选取相应的作物系数 K_c 值(王梅等,2016)进行反演(表7-2)。而在冬季非作物生长期内,精河县域内地表基本被积雪覆盖,地表实际蒸散发量趋近于零,且近似于潜在蒸散发量。

表7-2　新疆棉花不同生育阶段作物系数取值

作物	生长阶段	生长周期/天	生长时期	作物系数 K_c 值
棉花	出苗期	30	3月(春季)	0.35
	苗期	50	4月、5月(春季)	0.76
	蕾期	60	6月(夏季)	0.97
	花铃期	55	7月、8月(夏季)	1.18
	成熟期	60	9月、10月(秋季)	0.6

修正后的 FAO Penman-Monteith 模型既考虑了影响蒸散发量的大气物理特性,又结合了植被在不同生长周期里的生理特性,具有很好的物理依据,能比较合理、有效地反演蒸散发量的变化过程,也为非饱和下垫面蒸散发量的反演提供了一种有效且简单易操作的方案(图7-3)。

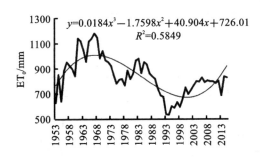

图7-3　修正后的 FAO Penman-Monteith 模型实际蒸散发量

然而,由于 FAO Penman-Monteith 模型在理论基础上依然为单层模型,并没有将植物蒸腾和土壤蒸发分开计算,只是将地表土壤和植被看作一个整体进行计算,完全忽视了土壤蒸发与植被蒸腾差异性,并且也没有考虑下垫面的粗糙度对植被阻抗和空气动力学阻抗的影响,所以该模型只适用于完全覆盖低矮植被地表的条件下的蒸散发量估算,而在非均质地表面的应用中往往受到限制。

(二)遥感蒸散发模型模拟过程

20世纪90年代以来,随着遥感技术的不断发展,遥感获取地表通量信息的能力越来越强,出现了不少以SVAT模型为基础的遥感蒸散发模型。利用遥感方法计算地表蒸散发量的难点是,遥感反演的地面辐射温度与空气动力学温度不相等,使得感热通量(H)的计算十分复杂。遥感蒸散发模型主要解决H的精确反演,或者避开H的求解,并尽量避免使用遥感技术无法获取的部分气象参数。遥感参数化的模型主要有SEBAL模型、MODIS蒸散发比模型、SEBS模型和基于分层能量切割算法的双层蒸散发模型等。本研究主要基于SEBAL模型和SEBS模型来估算研究区蒸散发量,并采用蒸散发比不变法推算研究区的日蒸散发量,最终根据土地覆被类型,对比分析蒸散发量的时空格局变化(图7-4)。

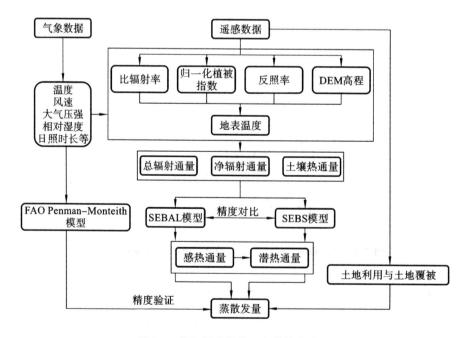

图7-4 精河县蒸散发研究的技术路线

1. SEBAL 模型

地表能量平衡算法中 SEBAL 出现于 1989 年,是从对埃及西部沙漠的浅层地下水的蒸散发量的估计发展而来的。SEBAL 最基本的特征是它不同于其他 ET 的估算——热红外算法,它是采用能量平衡估算水循环的过程,反演蒸散发量、生物量、水分耗散和土壤水分,能量平衡可以通过卫星数据量化,即从卫星影像中得到地表反照率、叶面积指数、植被指数和地表温度等地表特征参数。除了卫星图像外,SEBAL 模型还需要一些气象数据,如风速、湿度、太阳辐射和空气温度。由于 SEBAL 模型是基于能量平衡,并不是水平衡,所以土地覆被数据、土壤类型、水文条件并不是必需的。无论是从全球范围到区域范围,还是从区域到农场农田,能量平衡适用于各级空间和时间分辨率的卫星图像。该模型的技术流程如图 7-5 所示。

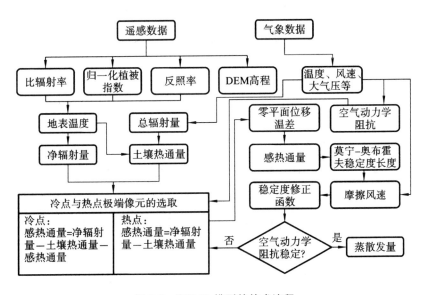

图 7-5　SEBAL 模型的技术流程

SEBAL 模型有几个不同于其他遥感通量算法的特点:

(1) 感热通量取决于所谓的"热点"和"冷点"像元。"热点"指非常干燥的区域(潜热通量为零)。"冷点"指非常潮湿的区域(感热通量为零)。通过这两个极端点可以确定感热通量或蒸散发比。

(2) dT(空气温度的垂直差异)是反演计算感热通量的关键点。这意味着 dT 的计算不需要测量辐射表面温度和空气温度。

(3) dT 和辐射表面温度呈线性关系。这种关系取决于选择的卫星影像(面积、气候、卫星过境时间),这种方法通常被称为"自校准"。

(4) 表面热通量分数在一天中是恒定的。但是,对蒸散发比和相对蒸散发量而言,一个简单的修正都可以对其产生影响。

2. SEBS 模型

利用遥感信息来估算陆地表面和大气之间热交换的方法可大致分为两种:先计算感热通量,然后求得潜热通量作为能量平衡方程的残差;或者先用一个组合方程计算一个指数(如作物水分胁迫指数),进而估算相对蒸散发量。感热通量的估算虽然在小尺度均质表面可以实现,但其在一些结构和热量非均质的冠层的应用仍存在困难。经典的遥感通量算法基于将地表温度测量和空间恒定的气象参数相结合,可用于小尺度地表通量的估算,但在较大的尺度上,地表气象参数不再是恒定的,地表结构和热量情况既不均匀,也不恒定。因此,需要设计更先进的,可应用于更大的尺度范围、具有非均质表面的地表的算法模型。在此过程中,由荷兰学者苏中波提出的蒸散发量计算方法——表面能量平衡系统(SEBS)模型,在反演各种尺度下的湍流热通量和蒸散发数据时具有较高的精度。

SEBS 模型理论包括:一套用于地表物理参数反演的工具参数,如地表反照率、地表比辐射率、地表温度、植被覆盖等光谱反射和辐射参数;一个计算热传导粗糙度长度的扩展模型;一个基于能量平衡在极端状态下计算蒸散发比的新方法,该模型的技术流程如图 7-6 所示。

SEBS 模型需要输入三组参数信息。第一组参数,包括由遥感反演得到的地表反照率、地表比辐射率、地表温度、植被盖度、叶面积指数以及植被高度(或地表粗糙度)。其中,当植被没有明确可用信息时,可用归一化植被指数替代。第二组参数,包括参考高度下的气压、温度、湿度和风速。参考高度为点应用的测量高度和行星边界层的高度。这组数据也可以由大尺度气象模型估算。第三组参数,包括向下

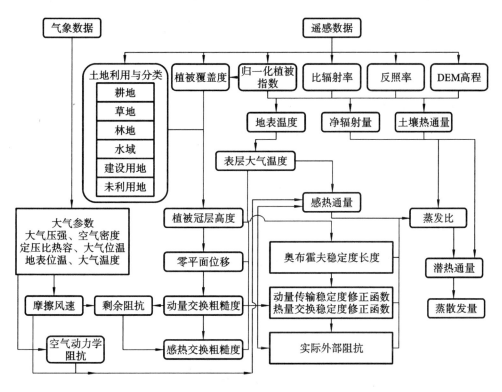

图 7-6　SEBS 模型的技术流程

的太阳辐射和长波辐射,可以是直接测量数据,也可以是模型输出或参数设置。

为了得到感热通量和潜热通量,SEBS 模型虽采用与 SEBAL 模型相似的理论进行计算,但与 SEBAL 模型不同的是,SEBS 模型区分了大气边界层和大气近地面层。也就是说,SEBS 模型基于总体大气边界层相似理论和莫宁-奥布霍夫相似理论,对大气近地面层剖面动量交换和感热交换进行稳定度修正,将地表参数与大气边界层平均风速、平均温度及地表位温差等相结合,通过整体参数化求解,最终获得摩擦风速、奥布霍夫稳定度长度及感热通量。

3. 遥感蒸散发模型主要参数反演结果

(1) 归一化植被指数与地表植被覆盖度。

归一化植被指数(NDVI)是目前反映效果最好,且应用范围最广的一种表征地表植被覆盖情况的遥感指标。其取值范围在$-1\sim1$，$-1\sim0$表示地表覆盖为雪、云或水体等，大于0表示陆地表面有植被覆盖，其中也包含低度植被覆盖的裸地、戈壁等。

归一化植被指数的遥感反演结果(图7-7)显示，研究区西北部和东南部植被指数较高，而西南部和东北部较低。这主要是由于研究区西北部为精河下游绿洲，分布着广袤耕地；东南部为山地，多分布着山前草甸与天山云杉等；而东北部为艾比湖及湖周盐碱地，植物无法生长；西南部是戈壁、荒漠。通过多年变化对比发现，精河县的高植被区域不断扩大，区域平均植被指数已由1990年的不足0.01增长到2016年的0.12。其中，高度植被覆盖区域($0.7<NDVI\leqslant1$)由0.588%增长到4.720%，低度植被覆盖的裸地($0<NDVI\leqslant0.2$)区域由29.449%减少到25.843%。图7-8显示，第一个波峰在不断从趋近0的位置向右侧移动，第二个波峰即高度植被覆盖区域，也在逐步显现、增高。

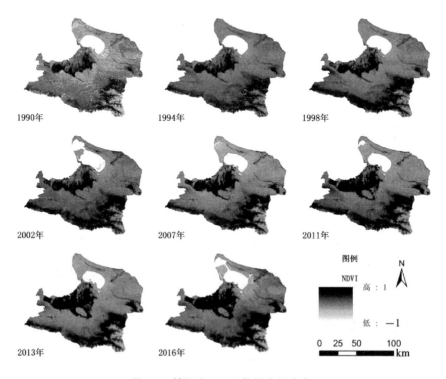

图7-7　精河县NDVI数据空间分布

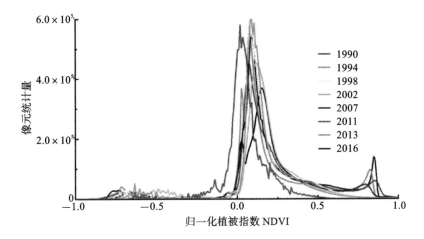

图 7-8　精河县 NDVI 数据像元统计

地表植被覆盖度是植被在地面的垂直投影面积占总统计区面积的百分比,主要基于像元二分模型计算,计算方法如公式(7-2)、公式(7-3)所示。其中,$\text{NDVI}_{\text{soil}}$ 表示低度植被覆盖或完全是裸土区域的 NDVI 值,NDVI_{veg} 则表示完全被植被所覆盖区域(即纯植被)像元的 NDVI 值。为避免噪声影响,NDVI 最大值和最小值一般根据研究区实际情况在一定置信度范围内取值。

$$\text{NDVI} = \frac{\rho_{\text{NIR}} - \rho_{\text{RED}}}{\rho_{\text{NIR}} + \rho_{\text{RED}}} \tag{7-2}$$

$$F_c = \left[(\text{NDVI} - \text{NDVI}_{\text{Soil}}) / (\text{NDVI}_{\text{Veg}} - \text{NDVI}_{\text{Soil}}) \right] \tag{7-3}$$

式中,ρ_{NIR} 为近红外波段波谱反射率,ρ_{RED} 为红色可见光段波谱反射率,F_c 为植被覆盖度。

研究区植被覆盖度在空间分布状况与归一化植被指数基本一致,多年整体变化状况比较明显(图 7-9)。1990 年研究区平均植被覆盖度为 0.076,1994 年为 0.202,1998 年为 0.232,2002 年为 0.235,2007 年为 0.257,2011 年为 0.289,2013 年为 0.262,2016 年为 0.319。近 20 年,植被覆盖度以年均 15.986% 的幅度不断增长。其中,耕地面积的不断扩大是主要贡献因素。其次,山区林地由于多年保护恢复,植被冠层得到良好生长,植被覆盖度也显著提升。

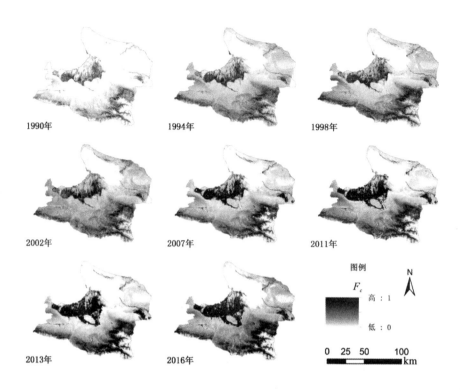

图 7-9   精河县植被覆盖度空间分布

根据图 7-10 分析,整体像元统计曲线呈非标准正态单侧分布,年平均值不断增大,曲线的中心位置向右移动,1990 年标准差为 0.156,2016 年为 0.318。其中,1990 的统计曲线不平滑且呈波动性明显,这与早期精河流域绿洲开发导致土壤荒漠化、盐渍化有较大关系。2013 年和 2016 年的曲线平滑稳定,基本无波动变化,说明在进入 21 世纪后,精河的破碎化地表状况得到了较高的抑制,保护恢复成效显著。

(2) 地表比辐射率和地表反照率。

地表比辐射率是地表辐射能量与同温度下黑体(理想的辐射体)辐射能的比值,它的大小与研究区植被覆盖度有很大的关系,也能从侧面反映研究区对辐射能量的吸收状况,是精确计算地表温度的基础。往往地面比辐射率的计算是要区分地表覆被情况的,对典型地物分类进行计算,但由于上文中对植被覆盖度作像

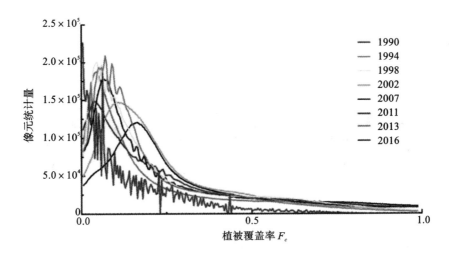

图 7-10　精河县植被覆盖度数据像元统计

元二分法,相当于已进行分量计算,因此地表比辐射率计算公式如下:

$$\varepsilon = 0.004 F_c + 0.986 \tag{7-4}$$

式中,ε 为地表比辐射率,F_c 为植被覆盖度。

在所有到达地面的总辐射中,被地面反射回大气的辐射被称为地表反射辐射,用向上反射的辐射能量与入射辐射的总能量的比值表示地面反射能力的大小,称为地面反照率。本研究主要通过 Liang 等建立的 Landsat TM 数据反演,计算公式如下:

$$\text{Aldobe} = 0.365 \rho_{TM1} + 0.130 \rho_{TM3} + 0.373 \rho_{TM4} + 0.085 \rho_{TM5} + 0.072 \rho_{TM7} - 0.0018 \tag{7-5}$$

式中,Aldobe 为地表反照率,ρ_{TMn} 为第 n 波段波谱反射率。

由于 Landsat-8 与 Landsat-7 卫星的传感器波段内容和波段号略有区别,因此需对 Landsat-8 宽波段反照率反演的方程进行修改,计算公式如下:

$$\text{Aldobe} = 0.365 \rho_{TM2} + 0.130 \rho_{TM4} + 0.373 \rho_{TM5} + 0.085 \rho_{TM6} + 0.072 \rho_{TM7} - 0.0018 \tag{7-6}$$

根据图 7-11 分析,地表比辐射率的高值区和低值区与植被覆盖度空间分布完全一致,变化范围在 0.986～0.990,年平均值的变化幅度为 0.0001,1990—2016

年间多年标准差分别为 0.000484、0.000932、0.001036、0.00093、0.001183、0.001268、0.001292 和 0.001274。

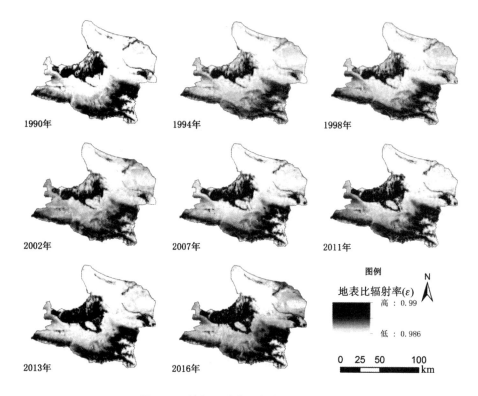

图 7-11　精河县地表比辐射率空间分布

具体而言,1990—2016 年研究区地表比辐射率平均值分别为 0.250、0.251、0.288、0.274、0.176、0.166、0.191 和 0.193,其中 98.204％面积区域主要集中于0~0.4 的范围内。高值大部分出现在农田灌溉渠下游和干涸湖盆外围的未利用地,其成因与农田灌溉、"洗盐"排水具有较大关系。低值大部分出现在艾比湖湖区及山区林地,主要是因为水体和林木树冠层可以吸收大量太阳辐射(图 7-12)。

图 7-13 表明,研究区整体地表反照率逐年降低。在不同的土地利用类型间对比分析发现,1990—2016 年未利用地的地表反照率平均下降了 0.067,而其他土地利用类型变化程度都较小,这充分说明多年来,荒漠植被已经在恢复生长。

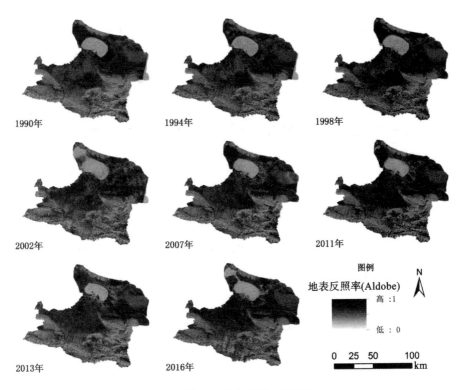

图 7-12 精河县地表反照率空间分布

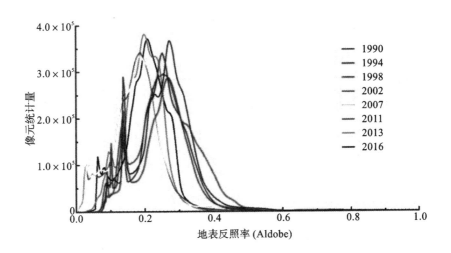

图 7-13 精河县地表反照率数据像元统计

（3）地表温度。

地表温度（T_s）是太阳辐射到达地面后，被地面吸收产生的温度，是遥感反演蒸散发量过程中的一个重要参数。地表温度直接决定了大气长波辐射和地表长波辐射的分布状况，同时也是计算土壤热通量、感热通量和潜热通量几个地表通量重要参数的依据。

本研究利用遥感传感器 TM/ETM+/TIRS 热红外波段，依据大气校正法计算地表温度：

$$T_s = K_2 \Big/ \ln\Big(\frac{K_1}{B_{TS}} + 1\Big) \tag{7-7}$$

式中，K_1、K_2 为热红外波段信息参数，对于不同传感器，其参数值也不同，其中：传感器 TM 中，$K_1 = 607.76$，$K_2 = 1260.56$；传感器 ETM+ 中，$K_1 = 666.09$，$K_2 = 1282.71$；传感器 TIRS 中，$K_1 = 774.89$，$K_2 = 1321.08$。

黑体热辐射亮度（B_{TS}）利用辐射传输方程计算获取：

$$B_{TS} = [L_\lambda - L\!\uparrow - \tau \cdot (1 - \varepsilon) \cdot L\!\downarrow] / (\tau \cdot \varepsilon) \tag{7-8}$$

式中，B_{TS} 为黑体热辐射亮度，L_λ 为热红外波段的辐射亮度，τ 为大气中热红外波段的透过率。

上述计算中所需要的近地表相关参数，主要来自 NASA 公开的大气剖面反演模型网站（http://atmcorr.gsfc.nasa.gov）（表 7-3）。

表 7-3　卫星过境的大气剖面参数

	大气透射率 τ	大气向上辐射亮度 $L\!\uparrow/(m^2 \cdot sr \cdot \mu m)$	大气向下辐射亮度 $L\!\downarrow/(m^2 \cdot sr \cdot \mu m)$
1990/10/5	0.85	1.08	1.54
1994/9/30	0.83	1.28	1.71
1998/9/25	0.81	1.01	1.53
2002/9/28	0.93	0.47	0.81
2007/9/10	0.91	0.69	1.18
2011/9/5	0.83	1.73	2.27
2013/9/18	0.87	1.03	1.75
2016/8/25	0.86	1.15	1.95

　　地表温度的反演结果(图 7-14)显示,研究区内地表温度的范围在 250～330 K,各年份均值分别 293.86 K、292.83 K、297.17 K、293.24 K、302.00 K、299.70 K、306.21 K、310.52 K,上升幅度达到 16.66 K。最大值出现在艾比湖以东荒漠,其地表主要是沙石砾漠,无植被,最小值则出现在精河县南部平均海拔在 3500 米以上的高山。艾比湖作为咸水湖泊,1990 年水体表面的平均温度为 286.30 K,2016 年为 293.54 K。

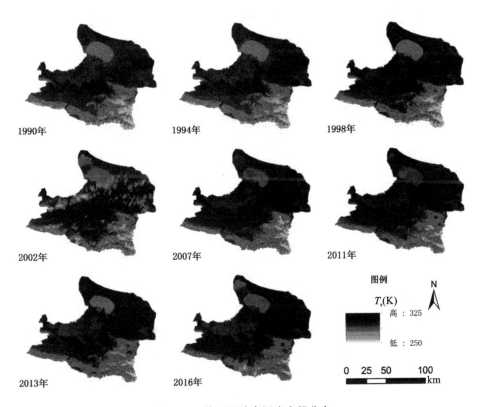

图 7-14　精河县地表温度空间分布

　　地表温度逐年分量统计结果(图 7-15)显示,整体地表温度分布均呈现向高值区转移的趋势,即像元累积频率在显著提升到某一温度值时会趋于平缓。这一温度值在 1990—2016 年间,分别为 302.8 K、302.775 K、307.314 K、305.562 K、314.515 K、313.804 K、317.601 K、320.743 K,平均上升幅度为 19.943 K。

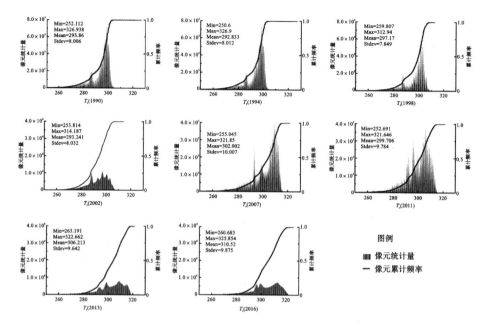

图7-15 精河县地表温度数据像元统计

不同的地表覆被对地表温度的影响是不同的(表7-4)。我们结合土地利用和覆被分类图和气象站测量的当日温度,分析不同的下垫面类型的地表温度。最终发现,未利用地的地表温度最高,林地的最低,且各项数据都与实际状况相符,不存在异常,较好地反映了地表能量分布状况。

表7-4 不同土地利用/土地覆被下的平均地表温度 （单位:K）

	气象温度	耕地	林地	草地	水域	建设用地	未利用地
1990/10/5	281.70	294.55	276.651	293.557	285.474	295.527	301.656
1994/9/30	299.35	294.932	276.654	293.532	286.001	295.542	302.112
1998/9/25	285.65	297.823	279.658	294.53	287.666	298.882	306.102
2002/9/28	290.65	298.932	282.347	296.967	288.388	294.969	305.708
2007/9/10	294.65	295.113	281.256	300.066	293.759	303.296	315.491

续表

	气象温度	耕地	林地	草地	水域	建设用地	未利用地
2011/9/5	296.65	298.946	279.04	292.718	292.273	301.681	313.618
2013/9/18	289.75	301.287	281.049	294.319	293.363	304.231	317.905
2016/8/25	293.15	303.684	285.325	298.13	296.578	307.559	319.513

（4）净辐射通量。

地表净辐射通量称为辐射平衡或辐射差额，即可用的实际辐射能量。研究区净辐射通量的计算公式如下：

$$R_n = (1-\alpha)R_S + (R_L^{\downarrow} - R_L^{\uparrow}) - (1-\varepsilon)R_L^{\downarrow} \tag{7-9}$$

式中，R_n 为地表净辐射通量（W/m²），R_S 为入射的短波辐射量（W/m²），α 为地表反照率，$R_L^{\downarrow}$ 为入射的长波辐射量（W/m²），$R_L^{\uparrow}$ 为向外的长波辐射量（W/m²），ε 为地表比辐射率。

入射长波辐射量（$R_L^{\downarrow}$）根据史蒂夫·波尔兹曼定律估算。

$$R_L^{\downarrow} = 1.08 \cdot (-\ln \tau_{sw})^{0.265} \cdot \sigma \cdot T_\alpha^4 \tag{7-10}$$

式中，$R_L^{\downarrow}$ 为入射的长波辐射量（W/m²），τ_{sw} 为大气单向透过率，σ 为史蒂夫·波尔兹曼常数（5.67×10^{-8} W/(m² · K⁴)），T_α 为空气温度（K）。其中，空间空气温度数据可用地表温度的中纬度修正函数获得。

出射长波辐射量（$R_L^{\uparrow}$）的计算公式如下：

$$R_L^{\uparrow} = \varepsilon \cdot \sigma \cdot T_s^4 \tag{7-11}$$

式中，$R_L^{\uparrow}$ 为出射的长波辐射量（W/m²），ε 是地表比辐射率，σ 为史蒂夫·波尔兹曼常数，T_s 为地表温度（K）。

其余涉及的相关辐射参数计算公式如下：

$$R_S = G_{sc} \cdot d_r \cdot \tau_{sw} \cdot \cos\theta \tag{7-12}$$

$$\tau_{sw} = 0.75 + 2 \times 10^{-5} \cdot \text{DEM} \tag{7-13}$$

$$d_r = 1 + 0.033\cos(\text{DOY} \cdot \frac{2\pi}{365}) \tag{7-14}$$

式中,R_S 为入射的短波辐射量(W/m^2),G_{sc} 为太阳常数(1367 W/m^2),d_r 为日地距离修正系数,τ_{sw} 为大气单向透过率,θ 为太阳天顶角(rad)。

精河县净辐射通量的反演结果(图 7-16)表明,高值区主要出现在山区林地,平均值达 743 W/m^2,且研究区内的水体的净辐射通量较大,为 630 W/m^2 左右,低值通常出现在农田灌区下游和精河县中部戈壁地带,平均值为 309.433 W/m^2。通过多年净辐射通量的比较,1990—2016 年如图所示年份的平均值分别是 339.464 W/m^2、348.543 W/m^2、351.217 W/m^2、369.225 W/m^2、470.708 W/m^2、519.519 W/m^2、471.558 W/m^2、480.372 W/m^2,其最小值出现在 1990 年,最大值出现在 2011 年。

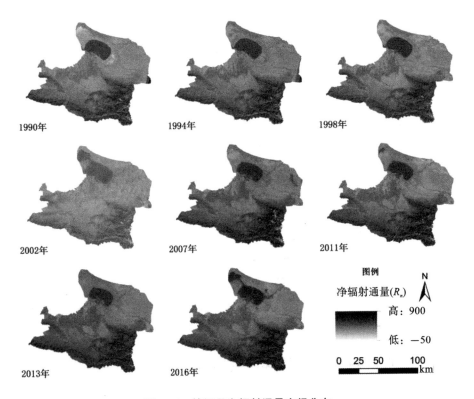

图 7-16　精河县净辐射通量空间分布

各年份的标准差分别为 86.249、83.805、92.338、78.110、101.551、100.006、

96.642 和 99.898,表明各个年份的净辐射通量分布较为集中,且相互之间差异不大。像元统计同时表明(图 7-17),虽然随着时间变化,与之相关的地表参数都发生了变化,但净辐射通量的波动仍然保持大体一致。

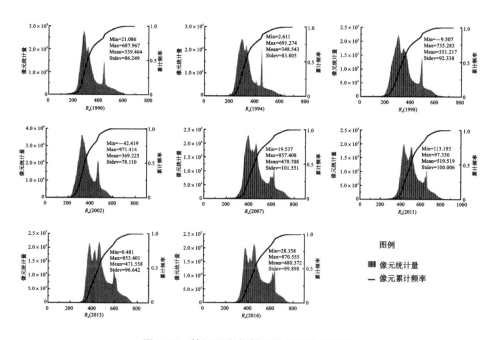

图 7-17　精河县净辐射通量数据像元统计

(5)土壤热通量。

土壤热通量是指由于传导作用而存储在土壤和植被中的那部分能量,是土壤向下传输的热量,也是地表与深层土壤温度的温差导致的土壤热量交换,它对蒸散发和地表能量交换都有影响,其计算公式如下:

$$G = R_n \cdot \frac{(T_s - 273.15)}{\alpha} \cdot (0.0032\alpha + 0.0062\,\alpha^2)(1 - 0.978\,\mathrm{NDVI}^4)$$

$$(7\text{-}15)$$

公式(7-15)在植被覆盖区应用效果较好,但在非植被的非均质下垫面中,仍需要参照土壤热通量与地表净辐射通量比值表进行计算(表 7-5)。

表 7-5 Bastiaanssen 土壤热通量与净辐射通量比值

下垫面类型	G/R_n
水面、冰雪（NDVI<0）	0.5
沙漠、裸土	0.2~0.4
耕地	0.05~0.15
草地	0.04
裸岩石砾地、建设用地	0.2~0.6

图 7-18 显示,精河县的土壤热通量的空间分布存在明显差别。与净辐射通量相似,水体和南部山区的高海拔区域,土壤热通量值较高,而绿洲农业区的土壤热通量值较低。土壤热通量像元统计分析表明(图 7-19),1990 年到 2016 年间,最大

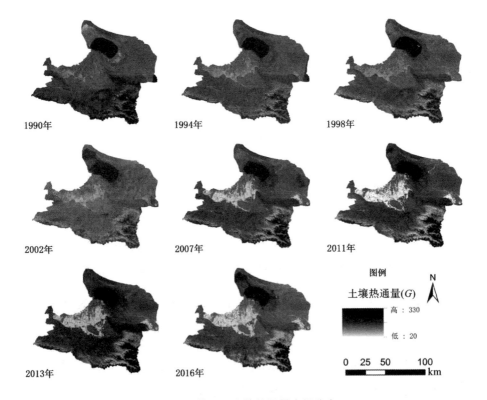

图 7-18 精河县土壤热通量空间分布

值分别为 216.709 W/m²、217.751 W/m²、231.614 W/m²、305.995 W/m²、266.442 W/m²、279.694 W/m²、268.821 W/m²、274.225 W/m²,最小值分别为 6.642 W/m²、-0.773 W/m²、-2.994 W/m²、-13.362 W/m²、5.216 W/m²、21.601 W/m²、0.151 W/m²、8.932 W/m²,平均值分别为 98.989 W/m²、88.738 W/m²、85.715 W/m²、91.542 W/m²、112.774 W/m²、120.017 W/m²、112.533 W/m²、108.390 W/m²。

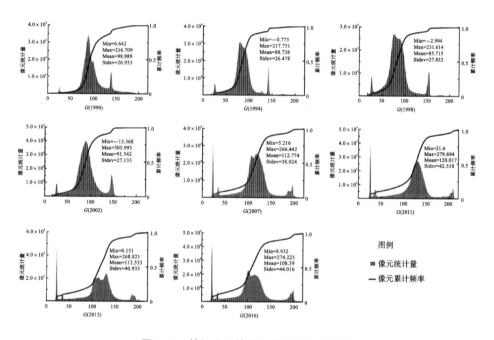

图 7-19　精河县土壤热通量数据像元统计

研究区土壤热通量与净辐射的比值(G/R_n)结果为:耕地 0.050、林地 0.041、草地 0.052、未利用地 0.278、水体 0.315。与参考数值对比并做误差分析,相对误差均小于 15%,说明所反演的土壤热通量符合实际情况,同时也符合蒸散发量估算条件。

二、蒸散发遥感模拟结果精度验证

遥感蒸散发模型的精度不仅取决于蒸散发模型本身,也取决于遥感对地表信息反演的广度和深度。长久以来对蒸散发量的验证分析,都是蒸散发研究工作中的重点与难点,不仅需要高端的设备仪器,也需要大量的野外调查工作。

Penman-Monteith 模型虽属于经验公式,却具有坚实的物理基础,作为统一的、标准的计算方法,无须进行地区校正和使用当地的风函数,也无须改变任何参数即可用于世界各地,估值精度较高且具有良好的可比性。同时,Penman-Monteith 模型全面考虑影响蒸散发量的大气物理特性和植被的生理特性,具有很好的物理依据,能比较清楚地了解蒸散发量的变化过程及影响机制,为非饱和下垫面蒸散发的研究提供了良好对比参照。因此,在现有条件的基础上,对 Penman-Monteith 模型所计算出的蒸散发数据作为参照,对精河地表蒸散发模型进行验证,主要采用"面"的验证和"点"的验证相结合的方法。

"面"的验证对 Penman-Monteith 模型、SEBAL 模型、SEBS 模型反演的研究区整体蒸散发数据进行验证,并且横向与蒸发皿数据进行对比,探讨分析蒸散发量模拟结果是否处于准确范围,并对模拟精度做出评价。Penman-Monteith 模型、SEBAL 模型、SEBS 模型蒸散发数据都小于蒸发皿数据 0.32～2.461 mm,说明反演数据是符合实际的。SEBAL 和 SEBS 两个模型的蒸散发数据较为接近,相差不足 10%,平均比 Penman-Monteith 模型蒸散发数据低 0.679 mm,且多年趋势与 Penman-Monteith 模型较为一致。但从总体精度来看 SEBS 模型蒸散发数据的精度高于 SEBAL 模型 9.01 个百分点(图 7-20)。

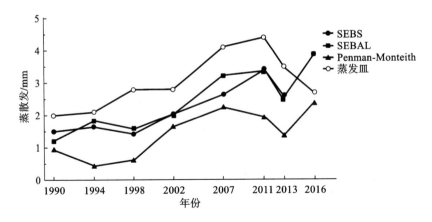

图 7-20　精河县蒸散发数据精度验证

"点"的验证主要通过将气象站点精河站(站点编号:51334)的实测蒸散发数据与在该坐标下的 Penman-Monteith 模型、SEBAL 模型、SEBS 模型结果对比进行验证分析(表 7-6)。其中,SEBAL 模型蒸散发量相对误差最高为 60.58%,最低为-4.90%,平均误差率为 22.85%,大于 20%,而 SEBS 模型蒸散发量相对误差最高为-19.32%,最低为-9.50%,平均误差率为 13.09%,均在 20% 之内。

表 7-6 Penman-Monteith、SEBAL、SEBS 模型蒸散发数据精度验证

年份	Penman-Monteith 模型	SEBAL 模型		SEBS 模型	
		蒸散发量/mm	相对误差/(%)	蒸散发量/mm	相对误差/(%)
1990	0.9556	0.566	-40.77	0.771	-19.32
1994	1.4414	1.529	6.08	1.288	-10.64
1998	1.6232	1.364	-15.97	1.384	-14.74
2002	1.6508	1.387	-15.98	1.494	-9.50
2007	2.2381	3.594	60.58	2.458	9.83
2011	1.9391	1.844	-4.90	1.697	-12.49
2013	1.3715	1.024	-25.34	1.163	-15.20
2016	2.3761	2.691	13.25	2.687	13.08

无论是"面"的验证还是"点"的验证,SEBS 模型与其他研究者的验证精度都相近,相对于 SEBAL 模型而言,该模型有很好的适应性,能够达到本研究区尺度上蒸散发量的扩展要求,对于精河地区是适用的。

三、蒸散发时间与空间格局分析

SEBS 模型蒸散发日值估算结果显示,山地、湖泊、河流上游和下游蒸散发量差异明显(图 7-21)。

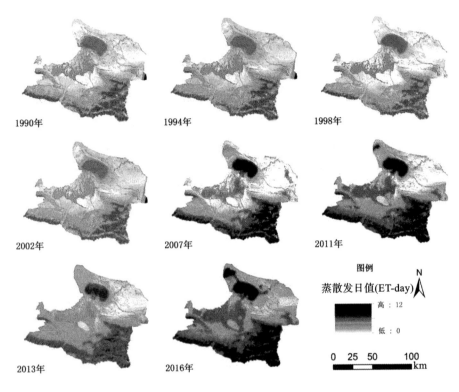

图 7-21　精河县 SEBS 模型蒸散发数据空间分布

（一）蒸散发时间变化分析

对 Penman-Monteith 模型估算的研究区年实际蒸散发量在各年代的变化进行统计分析（图 7-22），结果表明，近 60 年间年蒸散发量在 492.521～1098.199 mm，多年平均值为 785.92 mm，最大值出现在 1967 年，最小值出现在 1994 年。蒸散发量总体呈波动下降趋势，其变化幅度为−38.58 mm/10a。

不同季节蒸散发量计算结果显示，1953—2016 年，研究区四季平均实际蒸散发量以夏季最高，为 454.955 mm；春季和秋季次之，分别为 209.894 mm 和 82.403 mm；冬季最小，为 38.671 mm。但各季节实际蒸散发量与年实际蒸散发量变化趋势基本一致，均呈现较显著下降趋势（表 7-7）。其中，实际蒸散发量变化速率最大

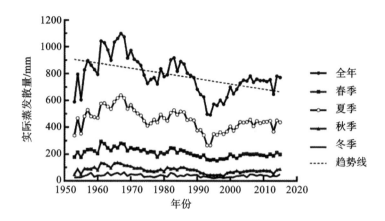

图 7-22　1953—2016 年研究区年际及各季节实际蒸散发量变化

值出现在夏季,为－21.41 mm/10a;冬季蒸散发量变化速率最小,为－1.0891
mm/10a,两者相差近 20 倍。

表 7-7　研究区实际蒸散发量的年际、季节线性变化趋势统计

	趋势系数	趋势/(mm/10a)	拟合趋势方程
全年	－3.858	－38.58	$y=-3.858x+8441$
春季	－0.9636	－9.636	$y=-0.9636x+2122$
夏季	－2.141	－21.41	$y=-2.141x+4702$
秋季	－0.6451	－6.451	$y=-0.6451x+1362$
冬季	－0.1089	－1.089	$y=-0.1089x+254.8$

注:x、y 分别表示年份和实际蒸散发量。

　　年代季距平百分比分析结果(图 7-23)表明,1953—2016 年研究区实际蒸散发
量变化表现为三个阶段:即 20 世纪 50 年代,研究区实际蒸散发量的累积距平为
负,实际蒸散发量小于多年平均值;20 世纪 60 年代—80 年代,研究区实际蒸散发
量的累积距平为正,实际蒸散发量超出多年平均值的 20%,但在经历了 60 年代的
极值后迅速下降;20 世纪 90 年代至今,研究区实际蒸散发量的累积距平为负值,

且逐步增大,说明实际蒸散发量在缓步提升,但依然小于多年平均值。从年代变化幅度看,蒸散发量累积距平经历正、负值明显变化的年代为 60 年代和 90 年代。

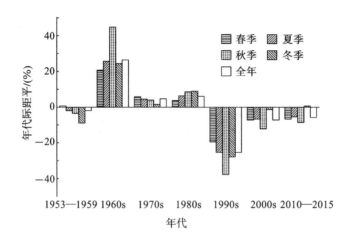

图 7-23 研究区年代际蒸散发量距平百分比

Mann-Kendall(M-K)突变检测是一种非参数统计检验,当正序列大于 0 时表明参数呈上升趋势,反之呈下降趋势,当其超过 0.05 显著性水平检验临界线(±1.96)时,则上升或下降显著。对 1953—2016 年研究区年实际蒸散发量序列做 M-K 突变检测,结果表明:1953—2016 年 UF(顺序统计曲线)总体为持续下降趋势,尤其 1978 年后小于 0,即蒸散发量 1978 年后呈下降趋势;1961 年至 1974 年 UF 突破了显著水平置信线 1.96,蒸散发量呈显著性增大趋势;在 1992 年突破了置信线−1.96,蒸散发量呈显著性减小趋势;UF 和 UB(逆序统计曲线)于 1982 年在临界线±1.96 区间内有一个明显的交点,表明 1982 年发生突变,突变后精河流域平均年蒸散发量较突变前减少了 150.654 mm,即减少 17.361%(图7-24)。

对 1953—2020 年研究区各季节实际蒸散发量做 M-K 突变检验,发现春、夏、冬三季突变点与年际突变点一致,即从 1982 年后三个季节的蒸散发量均明显小于之前对应各季,蒸散发量减少的平均幅度为 15% 左右。但秋季蒸散发量由高转低的突变则出现在 1980 年,减少幅度为 25%。

进一步根据 1953—2016 年研究区实际蒸散发量数据,绘制 Morlet 小波变换

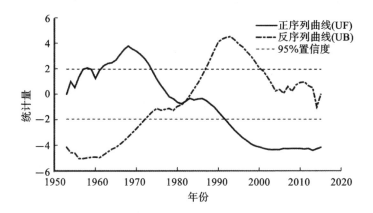

图 7-24 研究区蒸散发量的 Mann-Kendall 突变检验

系数的实部等值线图(图 7-25)。结果表明,研究区蒸散发量存在 6～8 年、17～20 年、28～31 年的三类尺度周期变化规律。其中,6～8 年的周期存在于 1953—1970 年,17～20 年的周期则仅存在于 1957—1973 年,而 28～31 年的周期贯穿于近 60 年始终,但该周期正负值中心较明显存在由 30 年向 26 年下降的趋势。

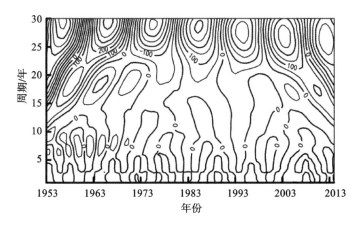

图 7-25 研究区蒸散发量 Morlet 小波系数实部等值线

通过计算蒸散发量的小波方差,可发现研究区实际蒸散发量变化存在 29 年的主周期,基于实际蒸散发量在 29 年处的小波系数值与年份 t 建立了回归方程

（其中 $R^2=0.93$，$P<0.05$），并选择 2016—2030 年为预测期对研究区 ET 变化趋势进行预测：

$$f(x)= 334\sin(0.3345t - 52.86)\qquad(7\text{-}16)$$

结果表明，预测期 2017—2030 年整体蒸散发量呈波动变化。其中，2016—2020 年蒸散发量持续增加，并在 2020 年发生突变后转为下降期，蒸散发量逐年减少。至 2029 年，蒸散发量将再次进入上升周期(图 7-26)。

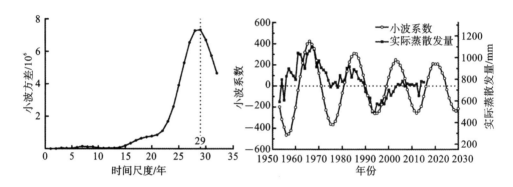

图 7-26　研究区实际蒸散发量小波方差、小波系数

（二）蒸散发空间变化分析

研究区蒸散发量整体呈现显著增长的趋势，平均每年增长 2.384 mm，最大增长达 10.181 mm，尤其是艾比湖西北侧和精河上游新开垦绿洲。艾比湖西北侧，湖水干涸，湖面积大幅萎缩，日蒸散发量 16 年间增长达到 10 mm。受水资源限制，在人工绿洲扩张的背景下，居民不断沿精河方向向上游开垦，原有的荒地被用作农业种植，日蒸散发量增长也基本保持在 10 mm 左右。另外，南部大部分区域的蒸散发量也呈现 1～5 mm 不同程度的增长，而艾比湖周围及东部荒漠区域，蒸散发量则有 0～2 mm 的减少(图 7-27)。

1990—2016 年，研究区蒸散发量变化趋势空间分布情况显示，蒸散发量在精河县东部托托镇及托托河上游一带有显著减少趋势，约占研究区总面积的 0.15％；在艾比湖周围、精河县东部大范围的艾比湖湿地国家级自然保护区，以及

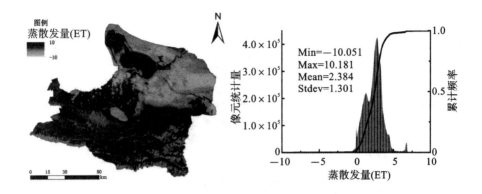

图 7-27 研究区蒸散发量 1990—2016 年空间变化

中部托里镇旦达嘎沙漠,蒸散发量有轻微减少,约占总面积的 25.31％;在精河县中部的山前冲积扇平原和西部部分地区,蒸散发量基本呈不变趋势,约占总面积的 34.76％;在艾比湖湖区、中部绿洲区、山区林地及草地等水域充沛的区域,蒸散发量轻微增加,面积占比约 37.45％;蒸散发量在艾比湖西北部已干涸湖盆、南部部分高海拔地区有明显增加趋势,约占总面积的 2.33％(图 7-28)。

借助重心迁移模型,本研究在明确了研究区 1990—2016 年不同土地利用类型空间重心迁移特征的基础上(图 7-29),对比分析了研究区蒸散发量空间变化趋势。结果表明:1990—2016 年间,植被覆盖下的耕地、林地、草地均呈现向东的迁移趋势,耕地整体向东迁移 4.99 km,而林地、草地呈现向东南方向的迁移趋势,分别迁移 13.96 km、10.37 km,使蒸散发量轻微增加区域集中分布在艾比湖湖区及以南的水域广泛区域。蒸散发量呈现高值的水体,向西北方向迁移 7.21 km,因而蒸散发量显著增加的区域主要出现在艾比湖西北部。蒸散发量呈现低值的建设用地、未利用地有明显的分异。其中,由于绿洲城市的扩张,建设用地整体向西南方向迁移 23.67 km,未利用地呈现向东北方向的迁移趋势,共迁移 3.08 km,导致蒸散发量减少区域主要出现在东北未利用地和中部托里镇旦达嘎沙漠。

综上,精河县地表蒸散发量的空间分布变化有以下四个特点。

第一,蒸散发量区域分布不均衡,具有明显的地域差异。在空间上,呈现南高

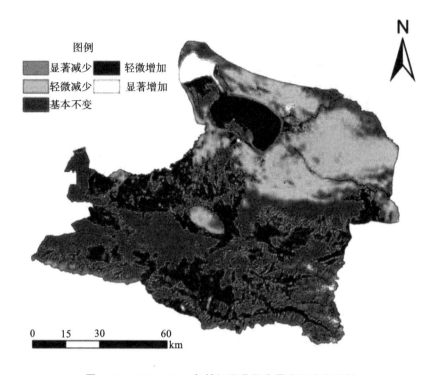

图 7-28　1990—2016 年精河县蒸散发量空间变化趋势

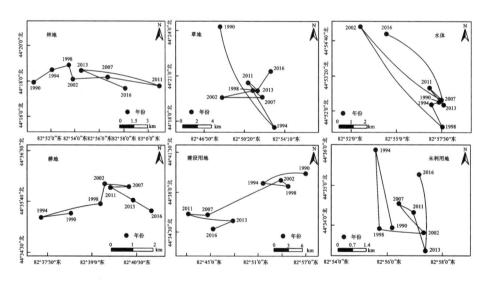

图 7-29　1990—2016 年研究区各土地利用类型空间重心迁移

北低、西高东低、山区高平原低及梯度变化大的特点。高值区主要集中在北部艾比湖湖区、南部婆罗科努山支脉山区、精河上游以及中游的平原农业区,低值区主要集中在山地以北、艾比湖以东区域。

第二,蒸散发量变化在地形上表现显著。总体而言,海拔愈高蒸散发量愈大,山区的地表蒸散发量受到坡度、坡向影响较大,阳坡和阴坡差异明显。

第三,地表蒸散发量受供水条件的影响较大。荒漠区降雨量小,且无河流供给,蒸散发量趋于零值,多年基本变化不大。灌区在河流、地下水补给以及人工引水灌溉多重作用下,水分充足,尤其在作物生长期蒸散发量较大,表现出蒸散发量高值区。

第四,蒸散发量与植被覆盖度具有极高的一致性。实际蒸散发量从大到小依次表现为:林地、耕地、草地、未利用地和建设用地。随着耕地面积的扩大,这些区域的蒸散发量变化尤为显著。

四、蒸散发变化驱动力分析

蒸散发是多重自然要素综合作用下的水文过程,其影响机制极为复杂。在时间变化上,它会受风速、气温、降水等自然气候条件影响。在空间分布上,主要受植被覆盖度、地表土壤水分、地表温度、地形以及空间供水条件的影响。

(一)自然驱动因子

蒸散发量是表征气候的因子之一,它的变化是与其相关的气候因子共同作用的结果。为定量分析各个气候因子对蒸散发量变化的贡献,本研究对气温、相对湿度、降水量、风速、太阳辐射、日照时数及日较差进行了相关性分析(表 7-8)。

表 7-8　实际蒸散发量与气象参数相关性分析

	气温	相对湿度	降水量	风速	太阳辐射	日照时数	日较差
实际蒸散发量	0.634*	−0.796**	−0.337**	0.823**	0.804**	0.765*	0.796**

注:*、** 分别表示在 0.05 和 0.01 的显著性水平上显著相关。

结果表明,对研究区地表蒸散发量而言,由于研究区西北部阿拉山口的存在,其与风速有着最高的正相关性,而与近地面空气相对湿度有最高的负相关性。需要强调的是,气温相较于其他气候因子而言,与研究区蒸散发量正相关性的显著水平虽然较低,但由于其决定着空气中饱和水汽含量和水汽扩散的速度,因此对蒸散发量的直接影响仍不可忽视。联合国政府间气候变化专门委员会(IPCC)发布的报告显示,2015—2019 年,全球平均气温较工业化前时代升高了1.1 ℃;对研究区而言,1953—2016 年的平均气温以 0.33 ℃/10a 的气候倾向率呈显著(α=0.05)上升趋势。而反演结果显示出蒸散发量在 1990—2016 年持续增加,在一定程度上响应了气候变暖的事实。在 2013 年出现的低值,则主要是影像日期前一天的天气过程导致气温与风速均较低所致。

选取地表温度(T_s)、地表比辐射率(ε)、地面数字高程(DEM)以及温度植被干旱指数(TVDI)4 个地表参数,与研究区蒸散发量进行相关性分析,结果表明:DEM、ε 与蒸散发量呈正相关关系。其中海拔超过 500 m 后,蒸散发量除了在 2800 m 处由于天山云杉分布会出现小幅度下降外,整体随 DEM 增加而显著上升。加之,地形能够影响地表辐射能量的吸收状况,故蒸散发量也随 ε 的增加而增加。由于研究区未利用地多为裸岩石砾地、戈壁、盐碱地,植被覆盖率少,地表升温快,因此 T_s 与蒸散发量呈负相关关系。而 TVDI 与蒸散发量的负相关性,表明了表层土壤水分含水量对蒸散发的显著影响,即土壤水分含水量越少,蒸散发量越小(图 7-30)。

(二)人文影响因子

不同的土地利用会使土壤湿度和地表温度状况发生改变,进而对区域蒸散发量产生影响。由 1990—2016 年不同土地利用动态度变化(表 7-9)可知,1990—2016 年研究区建设用地、水体、耕地整体呈增加趋势;林地、草地、未利用地整体呈减少趋势。其中,在人口不断增长及绿洲农业发展的影响下,耕地面积增长迅速,动态度为 12.24%;林草地虽呈减少趋势,但自研究区实施"三北"防护林、退耕还林等林业重点工程及草原生态保护奖补政策以来,面积逐渐恢复。因此,林地、草

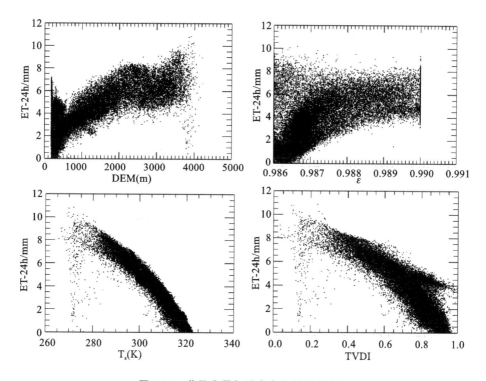

图 7-30　蒸散发量与地表参数的散点分布

地、耕地成为蒸散发高值区。由图 7-31 可看出,牲畜数量随人口总数增加,也呈现增加趋势。牲畜数量作为衡量草场合理利用的重要指标,其增长的快慢可直接导致草场面积变化,说明随着人类对大自然改造能力的大幅度提高,能够直接影响下垫面土地覆被的变化,进而在一定程度上影响下垫面的蒸散发量变化。

表 7-9　1990—2016 年研究区土地利用动态度变化　　　　　(单位:%)

年份	林地	水体	草地	耕地	建设用地	未利用地
1990—1994	−0.50	1.34	10.32	2.17	13.48	−1.62
1994—1998	−7.74	0.37	−9.10	14.58	1.71	2.07
1998—2002	−7.59	10.95	12.43	12.11	1.40	−2.55
2002—2007	−0.88	−8.18	−1.54	7.24	16.21	0.66

续表

年份	林地	水体	草地	耕地	建设用地	未利用地
2007—2011	1.24	1.50	2.82	1.06	6.61	−0.38
2011—2013	27.49	−5.26	7.18	10.40	9.49	−2.83
2013—2016	36.85	15.31	−6.43	−1.51	14.36	1.62
1990—2016	−0.82	0.99	−0.22	12.24	18.89	−0.33

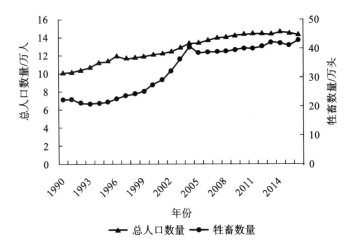

图 7-31　1990—2016 年研究区总人口数量与牲畜数量的关系

第二节　土地荒漠化分析

荒漠化的调查和监测是荒漠化防治的基础性工作,及时有效地监测和评价荒漠化过程是揭示荒漠化驱动机制、准确预测荒漠化趋势的重要前提,对于控制荒漠化蔓延、保障荒漠化社会经济与生态环境可持续发展具有重要意义。因此,准确把握土地荒漠化变化趋势已成为有效防治土地荒漠化的前提,同时,也将有助于掌握土地荒漠化演变过程,确保绿洲经济和生态安全的可持续发展。

近年来,随着精河流域退耕还林还草等生态修复工程的开展,精河流域的土地利用类型发生了较大的变化。其中,未利用地的减幅尤其明显,表明生态保护实施后取得了实效。区域内未利用地主要以裸地、沙地等土地类型为主,占研究区土地总面积的58.99%,是研究区的主要土地利用类型。但由于研究区脆弱的生态环境、特殊的地理位置,研究区的荒漠化问题仍然不容忽视。

本研究利用3S技术,选取1990年、2000年、2016年三年的Landsat系列遥感影像,利用Albedo-NDVI特征空间关系,构建了研究区土地荒漠化遥感监测模型并提取土地荒漠化差值指数,得到了研究区三年土地荒漠化等级分类图。在此基础上,分析1990—2000年、2000—2016年、1990—2016年三个时段精河流域土地荒漠化面积转移矩阵,通过空间自相关理论、土地荒漠化转移矩阵及土地动态度模型对精河县土地荒漠化现状进行分析,从而掌握研究区土地荒漠化的时空动态变化特征。

一、土地荒漠化信息遥感解译分析

(一)Albedo-NDVI特征空间构建

为更好地实现对土地荒漠化时空分布和动态变化的定量监测,构造反照率-植被指数特征空间,获得Albedo和NDVI综合组合信息并分析空间特征形态,本研究借鉴毋兆鹏等(2015)的研究结论,在研究区内选择一个具有全部地表类型的典型绿洲区,构建典型梯形分布的Albedo-NDVI特征空间,如图7-32所示。

其中,A代表贫水区且植被覆盖率较低的地表,如戈壁、城镇或沙漠;B代表富水区且植被覆盖率较低的地表,如农田或小部分裸地;C代表贫水区但植被覆盖率较高的地表,如部分农田;D代表富水区但植被覆盖较高的地表,如大面积农田。其上边界A-C是反照率的上界,表示该区域在给定植被覆盖下表层土壤水分引起的反照率上限;下边界B-D是反照率的下限,表示该区域在给定的植被覆盖下表层土壤的相对良好状态所对应的反照率的值。在软件平台中将实际不同的

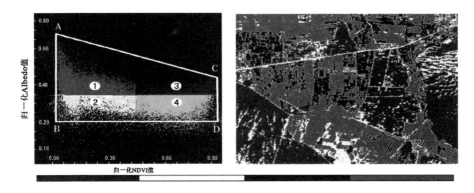

图 7-32　不同地表植被覆盖类型与 Albedo-NDVI 特征空间对比

地表类型与它们在 Albedo-NDVI 特征空间中的分布进行比较。

(二) Albedo-NDVI 特征空间下的土地荒漠化程度分级

不同土地荒漠化类型对应的 NDVI 和 Albedo 会表现出较强的负相关性(曾永年等,2006)。在此背景下,利用该相关系数构造简单二元线性多项式,并在垂直方向上划分 Albedo-NDVI 特征空间表示荒漠化变化趋势,对不同荒漠化土地类型能进行有效区分:

$$DDI = K \cdot Albedo - NDVI \tag{7-17}$$

式中,DDI 表示荒漠化分级指数(Desertification Difference Index),K 值根据特征空间中拟合曲线的斜率确定。

因此,在研究区域随机选择 2148 个样点对 Albedo 和 NDVI 进行统计分析,得到 $R^2 = 0.84$。这表明该区域不同土地类型荒漠化对应的两个指数也存在较强的负相关性:

$$Albedo = 0.5884 - 0.555 \cdot NDVI \tag{7-18}$$

$$DDI = 1.8018 \cdot Albedo - NDVI \tag{7-19}$$

自然断裂法可以最小化每个级别的内部方差总和,因此本研究将该方法与野外实地验证结合,将 DDI 划分出重度、中度、轻度以及非荒漠化四个范围间隔(表 7-10)。

表 7-10　研究区土地荒漠化分级标准

类型	DDI	地表特征	
重度荒漠化	0～0.5	沙漠、裸地、戈壁及高山稀疏植被区	
中度荒漠化	0.5～0.55	沙漠和绿洲过渡带区域、生长少量植被的盐碱化区及杀生植被区	
轻度荒漠化	0.55～0.65	混合草地及耕地等自然植被区	
非荒漠化	0.65～1	林地、耕地和高覆盖草地区	

（三）土地荒漠化精度验证

本研究利用 Landsat 系列遥感影像,在荒漠化土地类型中随机选取 300 个样本点作为地表真实感兴趣区,然后与最终分类结果相匹配后计算生成混淆矩阵,得到研究区土地荒漠化分类精度(表 7-11)。

表 7-11　研究区土地荒漠化精度验证

年份	总体精度	K 值
1990 年	90.11	0.87
2000 年	92.34	0.89
2016 年	94.37	0.91

以 1990 年为例,对分类结果做误差矩阵分析(表 7-12),不同程度的分类精度具有差异性。其中重度荒漠化和轻度荒漠化类型精度较高,主要是由于重度荒漠化和轻度荒漠化类型面积占比较大;而非荒漠化类型面积占比较小。同时,Landsat 遥感影像本身受外界大气、传感器影响较大,存在一定的混合像元,也会导致分辨率降低。

表 7-12   1990 年荒漠化土地分类误差矩阵

荒漠化程度	重度	中度	轻度	非荒漠化	总和	分类精度
重度	290	15	3	5	313	96.67
中度	10	269	4	10	293	89.67
轻度	0	15	283	43	341	94.33
非荒漠化	0	1	10	242	253	80.67
总和	300	300	300	300	1200	100

二、土地荒漠化空间特征

1990—2016 年研究区土地荒漠化空间分布如图 7-33 所示。就空间尺度而言,研究区重度荒漠化区域面积较广,主要分布在乌兰旦达盖沙漠西部、南部、东部,以及艾比湖湿地自然保护区南部、东北部;中度荒漠化区域主要分布在山前洪

图 7-33   研究区土地荒漠化程度分类

积扇与沙漠的过渡区域,另外乌兰旦达盖沙漠西南部中度荒漠化缩减明显;轻度荒漠化区域主要分布于南部山区以及精河、阿恰勒河和奎屯河绿洲区的灌丛和草地;非荒漠化主要分布在人工绿洲和绿洲边缘。

具体而言,1990—2000 年南部山区的中度荒漠化类型显著减少,轻度荒漠化和非荒漠化显著扩大,主要是因为造林面积增加了 3.56 万亩,其中防护林占 67.70%。2000—2016 年研究区荒漠化向东北方向转移,乌兰旦达盖沙漠周边改善明显,非荒漠化土地明显增加,主要是因为在"十二五"期间精河县全面超额完成了林业各项计划任务,巩固退耕还林工程 1.07 km²。同时,艾比湖湿地在 2007 年晋升为国家级自然保护区,周围生态环境得到进一步保护,湖区面积有所增加,使得周围的重度荒漠化土地类型逐渐向中度荒漠化土地类型转变。

三、土地荒漠化时间特征

表 7-13 显示,1990—2000 年研究区重度荒漠化土地面积增加了 230.14 km²,新增土地面积主要来自中度荒漠化土地,其转入面积相对于转出面积大近一倍。中度荒漠化土地面积减少 1028.87 km²,减少面积主要转出为重度荒漠化和轻度荒漠化,二者分别占减少总面积的 50.06% 和 41.57%。轻度荒漠化土地面积新增 292.84 km²,主要来自中度荒漠化土地和非荒漠化土地,二者分别占新增总面积 58.07% 和 23.19%。非荒漠化土地面积增加 505.89 km²,主要来自中度荒漠化土地、轻度荒漠化土地,占新增总面积的 77.06% 和 16.97%。

表 7-13　1990—2000 年研究区土地荒漠化转移矩阵　　　　（单位:km²）

2000 年	1990 年				
	重度荒漠化	中度荒漠化	轻度荒漠化	非荒漠化	总计
重度荒漠化	2966.91	979.29	120.32	19.11	4085.63
中度荒漠化	569.03	1002.96	243.3	114.79	1930.08
轻度荒漠化	261.93	813.05	648.86	324.75	2048.59

续表

2000 年	1990 年				
	重度荒漠化	中度荒漠化	轻度荒漠化	非荒漠化	总计
非荒漠化	57.62	163.65	743.27	1217.38	2181.92
总计	3855.49	2958.95	1755.75	1676.03	10246.22

表 7-14 显示,2000—2016 年,研究区重度荒漠化土地面积减少并转为轻度和非荒漠化土地,两者转出面积分别是转入面积的 2.5 倍和 17.8 倍。中度荒漠化持续减少,2016 年中度荒漠化土地相对 2000 年减少近 10 个百分点,其中转出的非荒漠化土地面积是转入面积的近 8 倍。轻度荒漠化持续增加,2016 年较 2000 年增长近 30 个百分点。其中,重度荒漠化土地和非荒漠化土地的转入面积分别是转出面积的 2.5 倍、1.8 倍。非荒漠化土地面积继续增加,2016 年非荒漠化土地面积比 2000 年增加了近 10 个百分点。

表 7-14　2000—2016 年研究区土地荒漠化转移矩阵　　　（单位:km²）

2016 年	2000 年				
	重度荒漠化	中度荒漠化	轻度荒漠化	非荒漠化	总计
重度荒漠化	2660.78	615.30	160.98	20.64	3457.70
中度荒漠化	650.54	626.75	414.45	29.28	1721.02
轻度荒漠化	406.19	471.01	1069.43	712.64	2659.27
非荒漠化	368.12	217.02	403.73	1419.36	2408.23
总计	4085.63	1930.08	2048.59	2181.92	10246.22

1990—2016 年研究区各类土地荒漠化面积转移矩阵见表 7-15。研究区土地荒漠化总面积从 8570.19 km² 减至 7837.99 km²,减少了 732.20 km²。其中,重度荒漠化土地和中度荒漠化土地分别由原来的 3855.49 km²、2958.95 km² 缩减至 3457.70 km²、1721.02 km²;轻度荒漠化土地和非荒漠化土地则有不同程度的增加,分别从 1755.75 km²、1676.03 km² 增加至 2659.27 km²、2408.23 km²。整体来

看,研究区荒漠化情况得到改善。截至 2014 年,全疆荒漠化土地面积减少589.21 km²,平均每年减少 117.84 km²,研究区土地荒漠化与全疆土地荒漠化整体扩张趋势都得到进一步遏制(中国林业网,2016)。

表 7-15　1990—2016 年研究区土地荒漠化转移矩阵 　　　(单位:km²)

2016 年	1990 年				
	重度荒漠化	中度荒漠化	轻度荒漠化	非荒漠化	总计
重度荒漠化	2718.32	674.79	45.08	19.51	3457.70
中度荒漠化	491.41	1129.22	86.54	13.85	1721.02
轻度荒漠化	363.14	912.47	988.23	395.43	2659.27
非荒漠化	282.62	242.47	635.90	1247.24	2408.23
总计	3855.49	2958.95	1755.75	1676.03	10246.22

为反映土地荒漠化面积的年变化率,本研究利用单一土地利用类型的动态度(K)描述精河县1990—2016 年土地荒漠化变化速度:

$$K = \frac{U_b - U_a}{U_a} \times \frac{1}{T} \times 100\% \qquad (7\text{-}20)$$

式中,U_a和U_b分别代表某地土地利用类型在研究起始和终止时的面积;T 代表研究时间。计算结果见表 7-16。

表 7-16　1990—2016 年研究区土地荒漠化类型变化动态指数

土地荒漠化类型	重度荒漠化	中度荒漠化	轻度荒漠化	非荒漠化
单一动态度	−0.36%	0.78%	−1.62%	3.32%

注:"−"代表该类土地类型面积减少。

从年变化率看,1990—2016 年,精河县重度荒漠化和轻度荒漠化土地面积年均分别下降 0.36% 和 1.62%。中度荒漠化和非荒漠化土地则年均分别增长 0.78%、3.32%,尤其以非荒漠化土地面积增长速度较为突出。图 7-34 显示了研究区域内不同类型土地荒漠化的比例。中度荒漠化和非荒漠化呈上升趋势,轻度荒漠化由原来的 16.89％增加到 25.90％,未荒漠化由原来的 16.15％增加到23.14％。重度荒漠化和中度荒漠化类型呈下降趋势,重度荒漠化由原来总面积的 38.32％下降至 33.40％。中度荒漠化土地所占总面积由原来的 28.64％下降到 16.95％。

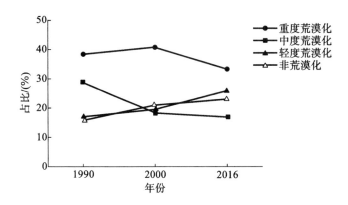

图 7-34　1990—2016 年研究区不同程度荒漠化所占比例

四、土地荒漠化驱动因素

（一）自然因素

丁文广等(2016)在四类荒漠化土地类型中随机各选取 20 个样点,与年平均降水量、年平均气温以及土壤肥力 3 个参数做相关性分析,相关系数(r)与相关程度分类如表 7-17 所示。

表 7-17　相关系数与相关程度分类

相关系数	相关程度
$-0.3 < r \leqslant 0.3$	微相关
$-0.5 < r \leqslant -0.3$ 或 $0.3 < r \leqslant 0.5$	实相关
$-0.8 < r \leqslant -0.5$ 或 $0.5 < r \leqslant 0.8$	显著相关
$-1 < r \leqslant -0.8$ 或 $0.8 < r \leqslant 1$	高度相关

1. 降水与土地荒漠化的相关性分析

降水的变化反映了精河县的干湿状况,影响着径流的形成和地域分布,从而决定土地荒漠化进退。从图 7-35 可以看出,精河流域绿洲的降水量与荒漠化差值指数(DDI)在相同温度、风速等条件下 $R^2 = 0.784$,具有高度相关性。对精河流域绿洲 1990—2016 年降水量统计数据进行分析发现,研究区多年平均降水量呈上升趋势(图 7-36),年降水总量在 $100 \sim 250$ mm 之间,多年平均降水量为 118 mm,年降水量最少时低于 100 mm,最高时高于 250 mm,波动十分明显。

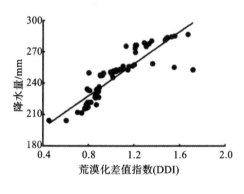

图 7-35　研究区降水量与 DDI 关系

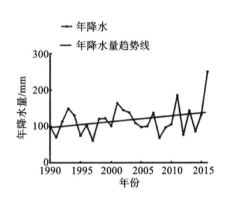

图 7-36　研究区年降水量变化

2. 平均气温与土地荒漠化的相关性分析

1990—2016 年,除个别区域外,研究区平均气温与土地荒漠化之间的相关性不显著(图 7-37)。根据研究区 1990—2016 年,年均气温与年蒸散发量的变化趋势来看(图 7-38),年蒸散发量显著下降,年均温呈上升趋势。研究区西北部未利用地的土地基本上是裸岩石砾地、戈壁和盐碱地,地表温度上升快,土壤湿度小,水分含量少,因此蒸散发量较小;研究区的中部绿洲主要分布有耕地,水量比未利用地丰富,蒸散发量略大。与此同时,格丽玛等(2007)对整个艾比湖流域进行了近 45 年的气候研究,表明该地区的气候具有变暖趋势。若其他因子没有显著变化,气温作为一个重要的影响因素,可能会使研究区趋于干旱,部分植被群落向旱生植被群落过渡,导致植被覆盖度降低(杨晓晖等,2004)。

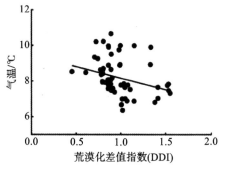

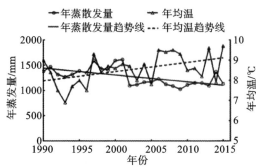

图 7-37 研究区平均气温与 DDI 关系　　图 7-38 研究区年均温、年蒸散发量变化

3. 土壤肥力与土地荒漠化的相关性分析

在同等温度、风速、植被覆盖度等条件下,精河县土壤肥力值较大的区域,土地荒漠化差值指数较小,即土地荒漠化与该区域的土壤肥力呈反比关系,相关系数 $r=0.801$,具有高度相关性(图 7-39、图 7-40)。研究区的成土母质主要是地层表面的第四纪松散堆积物,具有地形、母岩和外营力的差别,形成的沉积物类型也极复杂,土壤贫瘠、沉积物松散、易流动,成为本区域易发生风蚀、土壤侵蚀及水土流失的原因之一(邢永建,2006)。

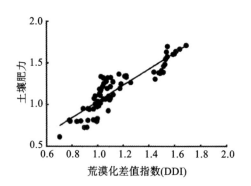

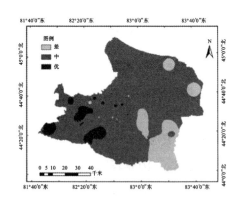

图 7-39 研究区土壤肥力与 DDI 关系　　图 7-40 研究区土壤肥力分级

（二）人文因素

1. 人口增长

社会经济条件中人口是最基本的因素,不断增长的人口数量和逐渐提高的社会经济水平,使得人类对自然资源的利用程度不断增加。研究区的人口在过去近40年中呈现出快速增长的趋势,从1978年的8.07万人增加到2016年的14.11万人,增长近1倍(图7-41)。与此对应产生了新的经济发展需求,例如除了耕地增加以外,牲畜数量也从1978年的17.61万头增长至2016年的41.68万头,增长近1.5倍(图7-42)。而精河县本身生态系统脆弱,环境自我修复能力较差,一旦生态系统遭到破坏就很难再恢复,从而导致了荒漠化的形成与扩张。

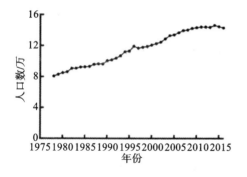

图 7-41　研究区 1975—2015 年人口数变化

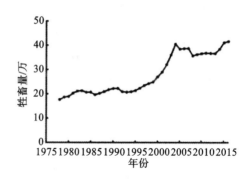

图 7-42　研究区 1975—2015 年牲畜量变化

2. 社会经济增长

从水资源角度出发,根据2015年研究区有关部门水资源统计分析,研究区内地表水资源量为11.21×10^6 m³,去除重复计算量的地下水资源量为5.94×10^6 m³,总水资源量为17.15×10^6 m³。而用水量中,居民用水占0.9%,第一产业用水占98.49%,第二产业用水占0.5%,第三产业用水占0.01%,生态用水占0.02%。

研究区人均生产总值近40年从378元增加到40427元,扩大了近106倍,增长速度非常快。研究区工业总产值从1978年的不足300万元飞速增长至2015年的25.85亿元(图7-43)。在经济快速发展的背景下,近年来第一产业在地区生产总值中占的比重有所下降,第二产业普遍呈上升趋势,第三产业虽逐年下降,但速度较慢(图 7-44)。水均衡方程式的计算表明,依照目前流域区内的综合发展速度,研究区的水资源量可满足近 10 年开采,并将在 2025 年左右供需达到平衡。但预测同时显示,如果肆意扩大耕地面积,不采取有效的节水措施,在 2030 年区域内将会出现用水紧张局面。

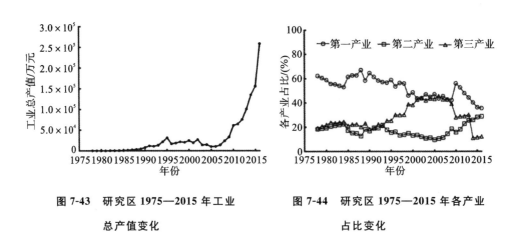

图 7-43 研究区 1975—2015 年工业
总产值变化

图 7-44 研究区 1975—2015 年各产业
占比变化

第三节 土地利用生态环境效益分析

生态系统服务是通过生态系统结构、过程、功能直接或间接获得的产品及服务,生态系统服务价值则是核算生态环境保护、生态经济价值的重要依据。土地作为人类生存的场所,其利用变化带来的土地数量和结构的改变,直接影响着生态系统服务功能及价值的变化。因此,土地利用变化及其对生态环境的影响已成为土地科学研究的热点之一,但相关成果主要集中于土地利用变化和生态系统服务价值的单要素研究,对特定区域不同土地利用类型的生态系统环境效应的综合定量分析还处于探索之中。

本研究利用空间梯度法分析研究区 1990—2018 年的生态系统服务价值,并对研究区内土地利用类型变化区域的生态环境效应进行定量评价。这不仅对合理开发利用干旱区绿洲水、土资源,确保国家农业生态安全、生态环境建设,以及区域土地持续利用具有实践意义,同时也对民族团结、政治稳定和边疆安全具有十分重要的现实意义。

一、研究方法

(一)生态系统服务价值

本研究中生态系统服务价值计算,主要参照谢高地等(2018)对生态服务当量因子的经济价值计算方法以及对生态系统服务价值的估算方法,根据研究区粮食生产收益,计算得到单个生态服务价值当量因子的经济价值量,结果为 1743.94 元/hm²。将此值与中国生态系统服务价值当量值相乘,获得生态系统功能服务价值系数,即单位面积生态系统的服务价值(表 7-18)。

表 7-18 中国生态系统单位面积的生态服务价值当量

| 土地利用类型 | 供给服务 | | 调节服务 | | | 支持服务 | | | 文化服务 | 合计 |
	食物生产	原料生产	气体调节	气候调节	水文调节	土壤保持	废物处理	生物多样性	美学景观	
耕地	1.00	0.39	0.72	0.97	0.77	1.47	1.39	1.02	0.17	7.90
林地	0.33	2.98	4.32	4.07	4.09	4.02	1.72	4.51	2.08	28.12
草地	0.43	0.36	1.50	1.56	1.52	2.24	1.32	1.87	0.87	11.67
未利用地	0.02	0.04	0.06	0.13	0.07	0.17	0.26	0.40	0.24	1.39
水域	0.53	0.35	0.51	2.06	18.77	0.41	14.85	3.43	4.44	45.35
建设用地	0.00	0.00	0.00	0.00	0.00	0.00	0.00	0.00	0.00	0.00

在此基础上应用如下生态系统服务价值计算公式,计算研究区生态系统服务价值。

$$ESV_k = A_k \times \sum_1^k VC_k \tag{7-21}$$

$$ESV = \sum_1^k ESV_k \tag{7-22}$$

式中,ESV_k 表示第 k 种土地利用类型的生态系统服务价值(元),A_k 表示第 k 种土地利用类型的面积(hm^2),VC_k 表示第 k 种土地利用类型的生态系统服务价值系数(元/hm^2/a),EVS 表示区域生态系统服务总价值(元)。

绿洲是干旱区生产生活的依托,城市作为绿洲的重要一部分,其发展方向与土地利用类型息息相关。因此,为深入探讨研究区生态系统服务价值的空间分布特征,在生态系统服务价值空间分析中引入梯度分析。以 1990 年的建设用地为圆心,8 km 为半径,向北依次设置 10 个梯次环,向南依次设置 12 个梯次环,分别计算 1990 年、2000 年和 2018 年每环内部的生态系统服务价值(图 7-45)。

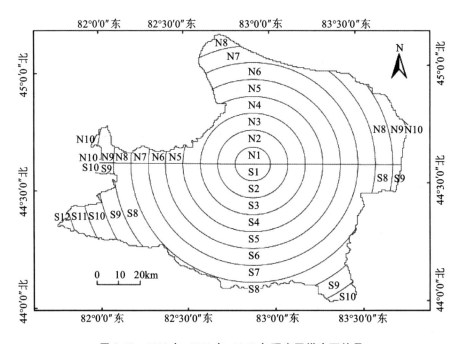

图 7-45　1990 年、2000 年、2018 年研究区梯次环编号

为了便于量化比较 1998—2018 年间研究区生态系统服务价值的变化,本研究通过变化量公式(7-23)和变化率公式(7-24)对变化状况进行分析。

$$V_j = V_{ji} - V_{jh}(j=1,2,3,\cdots) \tag{7-23}$$

$$R_j = \frac{V_{ji} - V_{jh}}{V_h}(j=1,2,3,\cdots) \tag{7-24}$$

式中，V_j 表示单元 j 在第 i 年到 h 年的生态系统服务价值的变化量，V_{ji}、V_{jh} 分别表示单元 j 在研究末期和研究初期的生态系统服务价值，j 表示不同的梯次环上值；R_j 表示单元 j 在第 i 年到 h 年的生态系统服务价值的变化率。

（二）生态环境效应分析

参考我国不同陆地生态系统单位面积服务价值之间的比例关系计算方法（Costanza R. 等，1998），结合黄凤等（2012）对新疆各土地利用类型生态环境效应的研究成果及研究区实际情况，本研究采用生态环境质量指数来分析生态环境效应，具体计算见公式(7-25)。

$$E_t = \sum_{k=1}^{n} A_k C_k / \text{TA} \tag{7-25}$$

式中，E_t 为研究期 T 内生态环境质量指数；A_k 为研究期 T 内 k 类土地利用类型面积；C_k 为 k 类土地利用类型所具有的相对生态系统服务价值；k 为研究区内所具有的土地利用类型数量；TA 为区域总面积。

特定时段内，某一种土地利用类型变化会导致区域生态质量改变，即每种变化类型体现出的价值流会使得研究区局部的价值升高或降低。本研究通过利用地图代数、土地利用转移矩阵计算贡献率(LE_k)，进一步分析研究区土地利用变化对生态环境的影响，计算方法见公式 7-26。

$$LE_k = (LE_{t+1} - LE_t)A_k / \text{TA} \tag{7-26}$$

式中，LE_t 和 LE_{t+1} 为某种土地利用变化类型所反映的变化末期、初期土地利用类型所具有的生态环境质量指数；A_k 为该变化类型的面积；TA 为该研究区的总面积。

二、生态系统服务价值变化

（一）不同土地利用类型的生态系统服务价值

研究区土地利用的单位面积生态服务功能价值，以及 1990—2018 年研究区不同土地利用类型的生态系统服务总价值见表 7-19。

表 7-19　1990—2018 年研究区土地利用类型生态系统服务价值

年份	土地利用类型						总计
	耕地	林地	草地	未利用地	水域	建设用地	
单位面积服务价值 /(元/hm²/年)	/	13777.13	49039.59	20351.78	2424.08	79087.68	0.00	
总价值/亿元 1990	1.68	36.06	26.78	19.88	42.62	0.00	127.20
2000	4.26	9.62	25.33	20.84	43.44	0.00	103.30
2018	15.01	32.06	35.44	15.63	69.29	0.00	167.43

结果表明,研究区生态系统服务价值总体上呈现先降低再升高的趋势,即先由 1990 年的 127.02 亿元降低到 2000 年的 103.83 亿元,再升高至 2018 年的 167.43亿元,28 年内升高了 40.41 亿元。其中,耕地和水域的生态系统服务价值表现为持续升高,水域的价值升高幅度最大,林地和草地的价值均呈现先降后升趋势,未利用地的价值则呈先升后降趋势。

(二)生态系统服务价值空间分布特征

研究区 1990 年、2000 年和 2018 年的梯度分析如图 7-46 所示。自城市中心向外,生态系统服务价值在南部和北部均表现为先升后降的基本趋势。1990 年和2000 年,南部整体高于北部且 1990 年高于 2000 年。其中,南部高值出现在 5～7

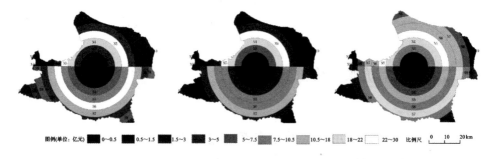

图 7-46　研究区各梯次环生态系统服务价值

梯次环,主要是以城市南部 40～56 km 的山区林、草地为主;北部高值出现在 4～5 梯次环,即距城市中心 32～40 km 的艾比湖湿地自然保护区范围内。2018 年,研究区整体生态系统服务价值高于 1990 年和 2000 年,且北部生态系统服务价值高于南部,其中北部 6～8 梯次环的生态系统服务价值升高明显,这与 2000 年研究区实施生态保护政策带来的生态环境改善息息相关。

计算不同时间段同一梯次环内生态服务价值的变化,若变化量为负值,表示该环内的生态系统服务价值下降,反之则计为价值上升,最终统计各时间段梯次环内生态系统服务价值的变化量数据,得到变化率情况(图 7-47)。

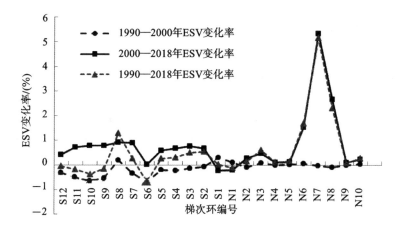

图 7-47 研究区 1990—2018 年各梯次环生态系统服务价值变化率曲线

总体而言,1990—2018 年研究区生态系统服务价值下降的区域是 S9～S12,主要集中在研究区西南部山地,下降的极值出现在 S6,即位于距离城市 32 km 的绿洲和荒漠交界地区以及耕地快速开发区域;北部除城市圈以外区域的变化率均有明显上升趋势,其中位于艾比湖湿地自然保护区的 N7 梯次环内生态系统服务价值上升最高,这与近年来科学管理及改善艾比湖湿地自然保护区的生态环境相关。1990—2000 年研究区整体变化较为平稳,南部区域 S1 城市圈和 S8 部分绿洲发展区内的生态系统服务价值变化速率为正,但变化不明显,其余南部梯次环内变化速率均为负值,即价值下降,北部艾比湖边缘的 N7～N9 区域降幅较小。2000—2018 年生态系统服务价值变幅较大,其中 N1 和 S1 城市圈内的生态系统服务价值下降,其余南部和北部各梯次环内价值均为上升趋势,其中 N6~N8 的生态保护区上升最为显著,说明研究期内当地实施的天然林保护工程及艾比湖流域生态恢复政策效果明显。

三、生态环境效应分析

(一)生态环境质量指数的时空变化特征

对各土地利用类型的生态系统服务价值系数在[0,1]赋值,其中水域的生态系统服务价值系数最高,赋值为 1,其他土地利用类型的生态系统服务价值系数按比例关系确定,从而得到不同土地利用类型的相对生态系统服务价值,并计算出不同时期区域的生态环境质量指数(表 7-20)。

表 7-20　1990—2018 年研究区生态环境质量指数

土地利用类型	相对生态系统服务价值	年份		
		1990	2000	2018
耕地	0.174	0.002	0.005	0.017
林地	0.620	0.042	0.012	0.037
草地	0.257	0.031	0.029	0.041
未利用地	0.031	0.023	0.024	0.018
水域	1.000	0.049	0.050	0.080
建设用地	0.000	0.000	0.000	0.000
合计		0.147	0.120	0.194

结果表明,1990—2018 年研究区的生态环境质量指数从 0.147 上升到 0.194,增幅为 32.0%,整体生态环境质量呈现出有所好转并不断提升的趋势;1990—2000 年生态环境恶化,生态环境质量指数下降到 0.120,降幅为 22.5%,主要原因是林地和草地面积的大量减少;2000—2018 年生态环境有明显改善,生态环境质量指数上升到 0.194,增幅为 45.0%,这主要是由于水域、林地和草地的面积大幅

度增加。总体而言,在较长时间范围内,研究区域生态环境质量相对稳定,但同时嵌套着恶化和改善两种相反的状态(图 7-48)。

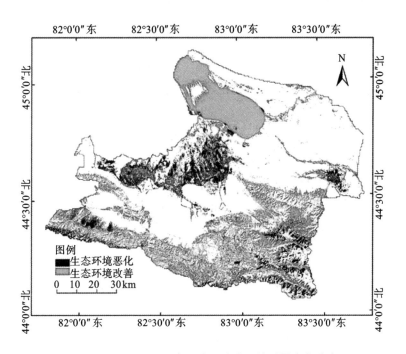

图 7-48 1990—2018 年研究区生态环境质量变化分布

(二)土地利用变化的贡献率分析

研究区 1990—2018 年土地利用类型对生态环境质量的贡献率计算结果如表 7-21 所示,表明土地利用变化对生态环境改善的贡献指数高于对生态环境恶化的贡献指数。

表 7-21 1990—2018 年研究区生态环境变化的主导土地利用变化类型贡献率

生态环境改善		生态环境恶化	
土地利用变化类型	贡献率	土地利用变化类型	贡献率
水域转换为水域	0.0015	林地转换为林地	−0.0002
草地转换为林地	0.0001	林地转换为未利用地	−0.0004

续表

生态环境改善		生态环境恶化	
土地利用变化类型	贡献率	土地利用变化类型	贡献率
草地转换为草地	0.0006	草地转换为建设用地	−0.0001
未利用地转换为水域	0.0018	草地转换为未利用地	−0.0003
未利用地转换为林地	0.0002	草地转换为耕地	−0.0003
未利用地转换为草地	0.0015	未利用地转换为建设用地	−0.0001
耕地转换为耕地	0.0001	未利用地转换为未利用地	−0.0028
		未利用地转换为耕地	−0.0004
合计	0.0058		−0.0046

土地利用层面导致研究区环境质量恶化的首要原因是未利用地进一步扩大、耕地开垦及建设用地占用增多,占总贡献率的71%;其次则是林地和草地向其他土地类型的转换。带来研究区环境质量改善的主要原因是水域、林地和草地的增加,其中未利用地向水域的转化和水域内部价值的提高,占精河生态环境质量改善的土地利用变化类型总贡献率的57%;其次则是其他土地利用类型向林地和草地的转换。由此可见,草地、水域、林地的变化是导致区域生态环境质量变化的主要因素,所以天然林草保护、退耕还林还草和合理利用水资源是改善区域生态环境质量的有效手段。

总体而言,由于自然演替加上绿洲农业开发带来的过度灌溉和垦荒,研究区2000年之前生态系统环境质量状况较差。尽管研究时段后期的生态环境质量有所改善,但前期超过生态系统自身调控恢复弹性范围的绿洲开发的影响仍不可忽视。其中,核心因素是流入艾比湖的水量减少,关键因素是研究区内地表植被被破坏,而裸露的湖底在阿拉山口大风通道作用下产生的沙尘则是主要驱动因素。具体而言,北部艾比湖水域保护区(以193 m等深线为界)对整个流域生态环境起着决定性的稳定作用,需要进一步发挥"引喀济艾"跨流域调水工程效应,并加强对湿地生物多样性的保护。东北部奎屯河尾闾地带的荒漠植被(胡杨林)保护区甘家湖梭梭林自然保护区,极易在现状基础上影响荒漠化进程,因此要保障河流下泄水量,从而充分发挥胡杨林和梭梭林的生态功能。中部绿洲城镇及农田分布区域,既是研究区内人类活动最频繁的地区,也是生态效益的主要服务对象,更是人类影响生态环境变化的策源地,需要严格执行好以水定地及各业发展规划,减少对土地资源的掠夺性利用。同时,为确保区域交通动脉不会因生态环境恶化受到影响,应结合阿拉山口大风通道(艾比湖南岸)进行治理,重点通过种植荒漠植被恢复的防风固沙生态功能。南部山地林草及水源涵养区,要通过合理划定禁、限牧区确保一定的草地生态系统稳定性和生物多样性。同时,利用人工草地的经济功能置换天然草场的生态功能。

第八章　土地利用冲突预测及其影响因素

　　土地利用冲突不仅是一种社会现象的缩影,更是一种具有空间异质性的地理现象,对其空间特征的研究尤为重要。不同社会经济条件下,土地利用冲突的强度与表现形式也各不相同,因此需要加强对未来土地利用冲突的动态模拟。但纵观目前的研究,还没有形成完善的土地利用冲突理论体系,尤其对土地利用冲突时空演化规律和区域土地利用冲突情景模拟预测的研究较少。因此,本章在完成土地利用荒漠化预测的基础上构建土地利用冲突模型,对研究区土地利用冲突及三生空间冲突进行评价,归纳其动态变化规律与趋势,揭示土地利用冲突的空间集聚分异特征与规律,对未来研究区土地利用冲突演化的趋势进行动态模拟,为促进区域可持续发展、土地利用冲突的合理调控和绿洲城镇化的良性发展提供参考依据。

第一节　土地利用荒漠化预测

　　本部分主要基于 ANN-CA 模型,探索未来土地荒漠化变化趋势,旨在进一步认识土地荒漠化的多变性和复杂性,提高对研究区土地荒漠化的分析预测能力,为当地的可持续发展提供相关参考。

一、ANN-CA 模型模拟

(一) ANN-CA 模型概述

1. 元胞自动机的理论基础

"现代计算机之父"Von Neumann 在 19 世纪 40 年代设计出能够自我复制的

自动机并利用自然世界中生物现象的自传原理,首次提出元胞自动机(CA)的概念。CA 模型没有既定的公式,而是由一系列转换规则构成。所以,它只是一个方法框架,是时间、空间和状态上都离散且在时间和空间相互作用的一类模型的总称。标准的 CA 模型(图 8-1)由元胞(C)、状态(S)、邻域(N)和转换规则(F)四部分组成,如公式(8-1)所示。

$$CA = (C,S,N,F) \tag{8-1}$$

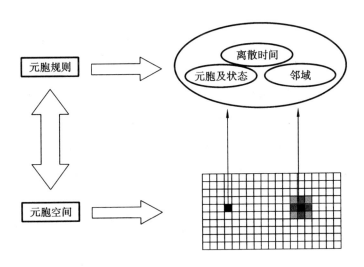

图 8-1　CA 模型的原理

式中,C 表示元胞,即模拟的主体,在实际应用里表现为一定尺度的栅格形态,包含其本身的空间位置信息和属性特征信息;S 表示各个元胞所处的状态,即属性特征信息对于实际自然或社会等信息的反映,其在模型模拟预测过程中会出现稳定或变化两种情况;N 代表邻域,即由特定空间组织的元胞周围的元胞组成的集合,以反映元胞与周围元胞的空间关系;F 表示元胞转换规则,即决定元胞状态是否发生改变的约束性规则,由元胞自身与周围元胞状态、整体与局部条件共同组成,是CA 模型模拟预测的关键。

　　20 世纪 80 年代,CA 模型开始应用于地理现象演化模拟研究。因为 CA 模型本身具有强大的模拟和建模功能,可通过简单的微观局部规则揭示自然宏观行为。CA模型中的转换规则由全局转换概率、邻域影响概率、单元约束条件三部分组成。转化规则仅考虑确定的客观因素的影响,不考虑政策等不确定因素的影响。但是在地理现象发展过程中,政府政策、行政变化等都会对地理现象变化产生重要影响,所以本研究将可变因子引入该模型的转换规则中以优化元胞转化规则。

2. 人工神经网络模型的构建

1943 年,神经科学家、控制论专家 Warren McCulloch 和逻辑学家 Walter Pitts 创建基于数学和阈值逻辑算法的神经网络计算模型(ANN),从而开创了人工神经网络研究时代。

ANN 属于非线性动力系统,其最大的特点是信息的分布式存储、并存协同处理、良好的适应性和自组织性,所以在解决复杂的非线性问题时,具有独到的效果。神经网络通过学习来实现适应性,根据事先设定的"学习规则"学习特定样本。在此过程中,它会调整神经系统的内部结构以实现记忆、归纳和关联的功能,从而完成特定的任务。正是因为具备这种能力,该模型才可以同时为某些复杂的模型提供参数规则。因此,ANN 实现了独特的信息处理结构和方法,并在实际应用中取得了显著成效。

自 ANN 模型建立以来,学者们已经构建了十几种模型类型及其响应的学习算法。其中应用最广泛的是误差反向传递(Back Propagation)神经网络模型,简称 BP 模型。BP 模型由于能够实现高度非线性函数逼近、模式识别和综合评价而被广泛使用。BP 模型由输入层、隐含层、输出层三部分组成,相邻的神经元由权重系数相连;同一层中的神经元是平行的,没有连接关系(图 8-2)。

其原理如下:假设输入层有 n 个神经元 x_i,隐含层有 p 个神经元,输出层有 m 个神经元 x_j,隐含层神经元输出函数是:

$$h_j = f\left(\sum_{i=0}^{n-1} V_{ij}\,\chi_i - \theta_j\right) \tag{8-2}$$

输出层神经元输出函数为:

$$y_j = f\left(\sum_{j=0}^{x-1} w_{kj}\,h_j - \varphi_k\right) \tag{8-3}$$

式中,V_{ij} 是连接输入层第 i 个神经元和隐含层第 j 个神经元的权重系数;w_{kj} 是隐含层与输出层之间的权重系数;θ_j、φ_k 分别是隐含层和输出层的阈值;f 是用以

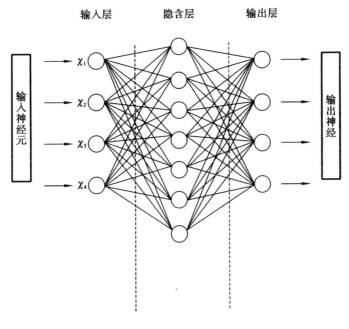

图 8-2　BP 模型结构

改变神经元输出的 Sigmoid 函数,公式如下:

$$\text{Sigmoid} = \frac{1}{1 + \mathrm{e}^{\frac{-n}{k}}} \tag{8-4}$$

式中,k 为 Sigmoid 参数。

3. ANN-CA 模型的构建与实现

CA 模型具有模拟未来时空复杂地理系统变化的功能。在模拟过程中,影响荒漠化的各个因子不只干扰了内部系统,对整个元胞空间都造成了一定影响。但是 CA 模型在模拟过程中,对微观因素在整体上的把握很有限,因此基于当前的荒漠化变化趋势,其对未来荒漠化演变格局的模拟在数量上就存在一定的局限性。CA 模型在对荒漠化模拟的实践研究中,必须制定模拟中所需的规则,而在获取这些规则和参数时存在一些不确定的困难,国外许多专家采用由模型获得的数据信息来取代元胞自动机所需的规则和参数,这样不仅减少了规则获取的繁杂性,也提升了模拟精度。

本研究试图构建 ANN-CA 模型,对研究区土地荒漠化变化特征进行模拟和预测。利用 RS 和 GIS 获得模型运行的初级状态和部分参数,通过耦合影响荒漠化的主要自然因子、人文因子,构建精河县荒漠化系统模型。输入层根据 TM 遥感影像提取并经实地验证的研究区土地荒漠化现状数据,将神经元个数确定为4。根据 Kolmogorov 定理,对于3层非线性神经网络,隐含层中神经元数量至少是输入层的2/3。经过多次试验,隐含层中神经元数量确定为10;输出层中神经元数量对应输入层目标类别。在此基础上,ANN-CA 土地荒漠化模型结构为(4,10,4)。该模型在模拟应用中的主要思路是提取研究区荒漠化类型并获取该区域驱动力适宜性图集,利用这两个参数,对研究区荒漠化进行模拟。

(二)ANN-CA 模型参数构建

土地单元的内在环境对荒漠化变化影响较大,因此,模型必须考虑内在环境对其的影响程度。考虑到模型运行的可能性和可操作性,结合研究区土地荒漠化变化的主要驱动因子以及地面调查和遥感技术可获取性,本研究选择植被覆盖度、土壤肥力、气候因子、地形因子、河流距离、交通因子、人口因子、社会经济因子和土地利用类型9项指标,作为研究区荒漠化程度评价指标(表8-1)。

表 8-1 研究区荒漠化影响因子选取及指标体系

变量类型(一级)	变量类型(二级)
	>50%(森林、林地)
	50%~31%(林地、耕地、草地)
植被覆盖度	30%~10%(草地、山地)
	<10%(沙化草地、沙漠、沙丘)
自然因子	有机质
	全磷
土壤肥力	速效磷
	速效氮
	pH

续表

变量类型(一级)		变量类型(二级)
自然因子	气候因子	全年平均降水量
		全年平均气温
	地形因子	坡度因子
		海拔高度
	河流因子	接近河流欧氏距离
	交通因子	接近道路欧氏距离
人文因子	人口	人口总量
	社会经济因子	GDP
	土地利用类型	土地利用情况

为了模型运行的便利性和可操作性,输入的数据需要统一转换成 Grid 格式,同时将土地荒漠化转换指数评价结果进行归一化处理。TM 图像的分辨率为 30 m,但考虑到研究区的空间范围较大以及模型运行的速度问题,本模型采用的元胞单元大小为 60 m×60 m,这样整个研究区就被划分成 2685×2111(行,列)大小的栅格空间。土地荒漠化评价模型如图 8-3 所示。

1. 植被覆盖度

植被覆盖度(Vegetation Coverage,VC)的变化是反映干旱区土地荒漠化程度的重要指标,在发生荒漠化和潜在荒漠化的区域,VC 一般处于极低覆盖度、低覆盖度范围内。利用归一化植被指数计算植被覆盖度,可以有效消除大气和土壤的影响,反映植被冠层。由于精河县内有明显的林地、耕地、沙地等土地利用类型,因此可以确定纯植被和纯裸土像元值。利用像元二分模型反演精河县的植被覆盖度,具体公式如下:

$$F_c = \frac{\text{NDVI} - \text{NDVI}_{\text{soil}}}{\text{NDVI}_{\text{veg}} - \text{NDVI}_{\text{soil}}} \tag{8-5}$$

式中,F_c 为研究区的植被覆盖度,$\text{NDVI}_{\text{soil}}$ 是研究区内纯裸土(沙漠区域)的 NDVI 值,NDVI_{veg} 是研究区内完全植被覆盖区域的 NDVI 值,取累积概率为 10% 和

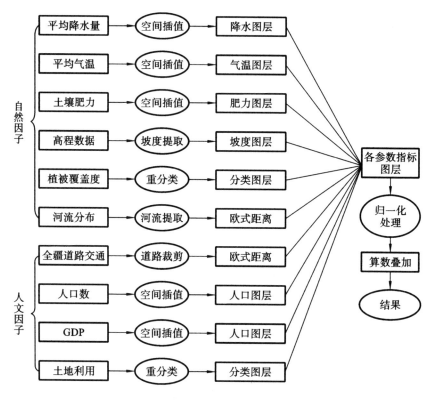

图 8-3 土地荒漠化评价模型

90％NDVI 值作为NDVI$_{soil}$和NDVI$_{veg}$。

参考相关荒漠化分级标准并结合研究区自然环境的实际情况,本研究将植被覆盖分为 4 个层次,其取值范围如表 8-2 所示。分级后得到研究区 2000 年和 2016 年植被覆盖情况,如图 8-4 所示。

表 8-2 研究区植被覆盖分级标准

等级	植被覆盖程度	取值范围/(％)
1	极低植被覆盖	<10
2	低植被覆盖	10~30
3	中植被覆盖	30~50
4	高植被覆盖	>50

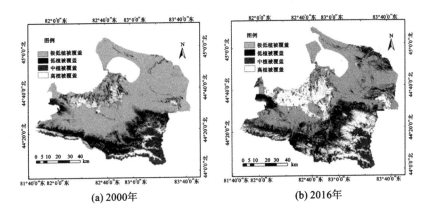

(a) 2000年   (b) 2016年

图 8-4 研究区植被覆盖度

2. 土壤肥力

本研究利用 GPS 定位技术,以研究区 1∶100 000 地形图为底图,结合地形、地貌等因素,采用"S"形布点采样。在每个采样单元采集 5 个样本进行彻底混合后,用四重法取约 1 kg 土样。共采集 36 个采样点 0～20 cm、20～40 cm 土壤样品 80 个,样点分布如图 8-5 所示。

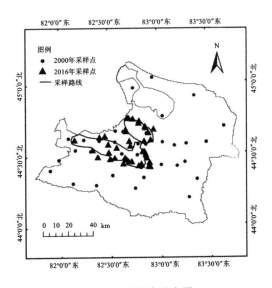

图 8-5 采样点分布图

以结合精河县土壤特性选取的有机质、全磷、速效磷、速效氮和 pH 5 项指标作为评价因子,建立土壤肥力评价指标体系。上述选取的参数采用下列方式进行标准化以消除各参数间的量纲差别。属性值的分级标准参照《全国第二次土壤普查养分分级标准》(表 8-3)。

表 8-3　土壤因子养分分级标准

参评因子	χ_{imin}	χ_{imid}	χ_{imax}
有机质/(g/kg)	20	10	6
全磷/(mg/kg)	0.6	0.4	0.2
速效磷/(mg/kg)	10	6	3
速效氮/(mg/kg)	90	60	30
pH	9	7.5	6.6

当因子的测量值属于"非常差"水平时,$\chi_i \leqslant \chi_{imin}$,

$$P_i = \chi_i / \chi_{imin}(P_i \leqslant 1) \tag{8-6}$$

当因子的测量值为"差"水平时,$\chi_{imin} < \chi_i \leqslant \chi_{imid}$,

$$P_i = 1 + (\chi_i - \chi_{imin})/(\chi_{imid} - \chi_{imin})(1 < P_i \leqslant 2) \tag{8-7}$$

当因子的测量值属于"中等"水平时,$\chi_{imid} < \chi_i \leqslant \chi_{imax}$,

$$P_i = 2 + (\chi_i - \chi_{imid})/(\chi_{imax} - \chi_{imid})(2 < P_i \leqslant 3) \tag{8-8}$$

当因子的测量值属于"良好"水平时,$\chi_i > \chi_{imax}$,

$$P_i = 3 \tag{8-9}$$

土壤肥力系数利用内梅罗(Nemoro)公式计算:

$$P = \sqrt{\frac{P_{i平均}^2 + P_{i最小}^2}{2}} \times \frac{n-1}{n} \tag{8-10}$$

式中,P 为土壤肥力系数;$P_{i平均}$ 是土壤各属性的平均值;$P_{i最小}$ 是土壤各属性的最小值;$(n-1)/n$ 为修正项。根据计算得出土壤肥力以及采样点的经纬坐标,用反距离权重进行插值,得到研究区归一化土壤肥力分布,如图 8-6 所示。

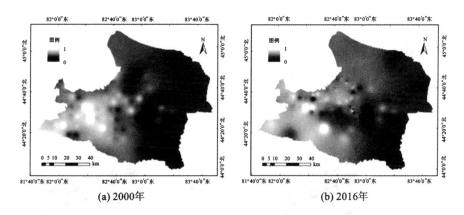

(a) 2000年   (b) 2016年

图 8-6 归一化土壤肥力分布

3. 地形因子

不同的地形特征影响区域的大气流动以及水汽循环,从而间接影响风沙堆积、迁移现状、植被生长分布及水环境,在荒漠化形成和分布中起着直接或间接作用,在地域尺度上直接决定了荒漠化的整体分布格局。由于研究区在 1990—2016 年间土地利用类型结构没有发生较大变化,因此,本研究假定地形因子也无较大变化。以地面数字高程(DEM)作为基础数据,运用 ArcGIS 软件 Slope 模块提取坡度信息,根据研究区实际地形特点,将 DEM 和坡度作为土地荒漠化演变趋势的影响因子(图 8-7、图 8-8)。

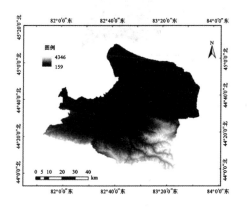

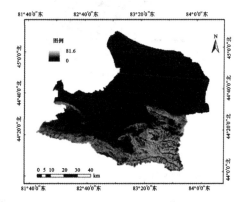

图 8-7 研究区 DEM   图 8-8 研究区坡度

4. 气候因子

降水量的增加有利于减少荒漠化的发展,气温和风速也会对荒漠化的区域差异性产生影响。将覆盖精河县的 5 个气象站点的年均降水量和年均温数据,通过普通克里金插值得到归一化年平均降水量(图 8-9)和归一化年平均气温(图 8-10)。

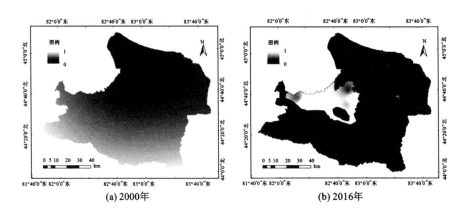

(a) 2000年   (b) 2016年

图 8-9　归一化年平均降水量分布

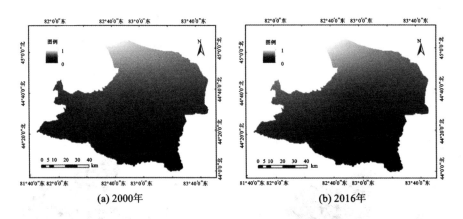

(a) 2000年   (b) 2016年

图 8-10　归一化年平均气温分布

5. 河流因子

水文特征是影响土地荒漠化演变的重要因素,水量不平衡会破坏土壤的物理、化学和水土保持条件,降低地表植被覆盖面积,从而加快荒漠化发展速度。利用 DEM 数据通过提取河网,获得研究区河流图层(图 8-11)。

6. 人文因子

交通道路的分布体现了人类活动的轨迹,进而影响荒漠化的发展方向。从全疆道路图层中裁剪获得研究区道路图层(图 8-12),从道路计算运输欧氏距离。越接近道路,运输条件越好,人类活动越频繁。

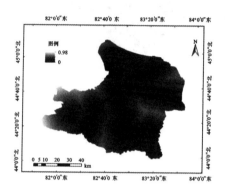

图 8-11　归一化接近河流欧氏距离

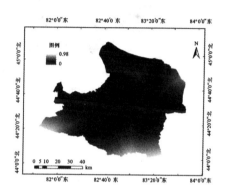

图 8-12　归一化接近道路欧氏距离

人口增长、经济快速发展、人工砍伐森林、滥用水资源和基础设施建设不足,会诱导和加速土地荒漠化的发生和发展。依据研究区内 10 个乡镇人文环境调查统计数据,以城市绿洲范围为界,利用反距离权重进行插值,得到研究区归一化的人口、GDP 图层(图 8-13、图 8-14)。

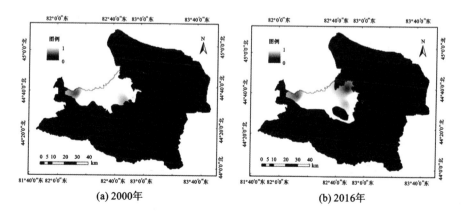

(a) 2000年　　　　　　　　　(b) 2016年

图 8-13　归一化人口空间分布

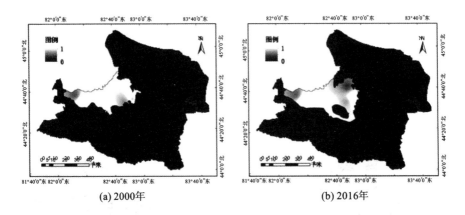

(a) 2000年   (b) 2016年

图 8-14　归一化 GDP 空间分布

（三）ANN-CA 模型运行结果

1. 模型校正与精度检验

ANN-CA 模型在预测过程中,主要通过随机选取大约 80% 的样本点进行训练,当迭代次数达到 200 次时,模型的误差曲线趋于稳定(图 8-15)。在此基础上,将研究区 1990 年土地荒漠化现状数据作为模型的初始数据,根据上述模拟原则,

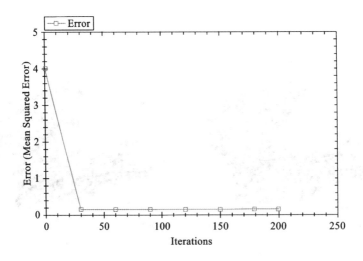

图 8-15　ANN-CA 模型误差曲线

输入土地适宜性图集,计算1990年研究区内每个单元数据转化成4种土地荒漠化类型的概率,对转换概率进行扰动处理后,将转换概率与确定的阈值进行对比,确定每个单元数据本次循环的土地荒漠化类型。根据上一次循环的土地荒漠化类型数据,再次作为模型的初始数据,对模型校正的所有初始参数进行更新,重复以上循环过程,直到某种土地荒漠化类型的单元数量达到理想单元数目,结束循环并输出研究区2000年土地荒漠化模拟图。最终,以研究区2000年荒漠化研究现状为初始状况,模拟生成2016年荒漠化变化情况(图8-16)。

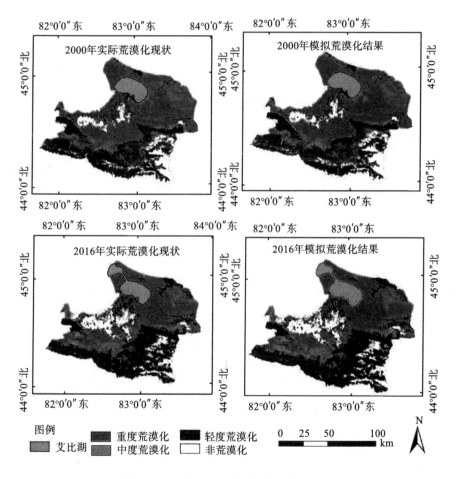

图8-16　研究区土地荒漠化类型模拟对比

转换概率阈值 T 和随机参数 α 的不同,可能会影响模型模拟的精度,为了探求 ANN-CA 模型在研究区域最适合的参数组合,本研究分别设置了 6 种参数组合进行模拟,将模拟的土地荒漠化图层与遥感解译的研究区域进行对比(表 8-4)。

表 8-4　不同参数组合下 ANN-CA 模型精度

随机参数 α	阈值 T	模拟精度
0	0.9	79.34
1.0	0.8	80.35
1.5	0.8	78.13
2.0	0.8	77.59
1.0	0.7	79.29
1.0	0.9	79.36

当转换概率阈值 $T=0.8$、随机参数 $\alpha=1$ 时,模拟精度较高。因此对模拟荒漠化类型图与实际荒漠化样本做混淆矩阵,从整体精度计算所有荒漠化类型的 Kappa 系数。此外,FOM 代表匹配率的倒数,值越小说明模拟结果越准确,在评价精度方面优于 Kappa 系数,公式为:

$$\text{FOM} = \frac{B}{A+B+C+D} \tag{8-11}$$

式中,A 代表由于将观察到的变化预测为持续性而产生的误差区域;B 代表由观察到的变化预测的精度区域;C 代表由于观察到的变化为不正确的类别而产生的误差区域;D 代表土地利用无变化,但却被预测为变化而导致的误差区域。2000 年、2016 年荒漠化模拟总体精度、Kappa 系数以及 FOM 精度见表 8-5。

表 8-5　研究区土地荒漠化动态模拟精度验证

精度评价	总体精度	Kappa 系数	FOM 精度
2000 年	84.3	0.80	0.003
2016 年	81.6	0.76	0.005

二、ANN-CA 模型情景预测规则设置

模型中限定空间布局的因素包括两类：一是绝对限制因素，即严格限定某类型向其他类型转变，如限制非荒漠化类型向荒漠化类型转变；二是相对限制因素，即限制特定地区某些荒漠化类型转变。在上述原则基础上，本次预测以 2016 年为基期，以 2026 年为终期，设置自然趋势、保护趋势、不保护趋势三种情景方案，预测结果见图 8-17。

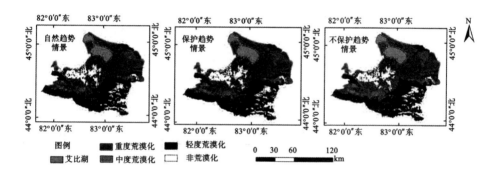

图 8-17　研究区 2026 年土地荒漠化趋势模拟

（一）自然趋势情景

在研究区土地荒漠化变化趋势基础上，遵照现有的土地荒漠化类型和社会经济发展状态，研究区内荒漠化类型没有转化限制，转换规则见表 8-6。

表 8-6　自然趋势情景预测规则编码

		2026 年			
		重度荒漠化	中度荒漠化	轻度荒漠化	非荒漠化
2016 年	重度荒漠化	1	1	1	1
	中度荒漠化	1	1	1	1
	轻度荒漠化	1	1	1	1
	非荒漠化	1	1	1	1

注："0"代表受限，"1"代表不受限。

(二)保护趋势情景

根据《精河县"十三五"土地整治规划》中提出"要加强以艾比湖水域为中心,东北部甘家湖梭梭林自然保护区以及南部山区的核心生态保护区建设,同时强化林草水利工程建设,转变天然林和草原牧业增长方式"的生态土地利用模式,把对生态安全起重要作用的非荒漠化类型进行绝对限制设定,即只能由其他地类转入但不能转出。另外,绝对限制轻度及中度荒漠化土地的退化,转换规则见表8-7。

表 8-7　保护趋势情景预测规则编码

		2026 年			
		重度荒漠化	中度荒漠化	轻度荒漠化	非荒漠化
2016 年	重度荒漠化	1	1	1	1
	中度荒漠化	0	1	1	1
	轻度荒漠化	0	0	1	1
	非荒漠化	0	0	0	1

注:"0"代表受限,"1"代表不受限。

(三)不保护趋势情景

假设土地滥垦、使用率低,造成大面积土地退化的极端情景,设定土地荒漠化类型只能由程度较轻类型向程度较重类型转变,转换规则见表8-8。

表 8-8　不保护趋势情景预测规则编码

		2026 年			
		重度荒漠化	中度荒漠化	轻度荒漠化	非荒漠化
2016 年	重度荒漠化	1	0	0	0
	中度荒漠化	1	1	0	0
	轻度荒漠化	1	1	1	0
	非荒漠化	1	1	1	1

注:"0"代表受限,"1"代表不受限。

三、研究区土地荒漠化预测结果分析

表 8-9 表明,自然趋势情景下,不同土地荒漠化类型面积整体转变幅度不大,基本维持原有土地荒漠化水平。其中,轻度荒漠化面积从 2016 年的 2659.27 km² 增加到 2026 年的 2813.43 km²,变化动态度为 5.8%;同时,非荒漠化土地面积由原来的 2408.23 km² 减少到 2264.67 km²,变化动态度相对较高,为 −5.96%。这不仅加剧了研究区内湖泊湿地萎缩、生态环境破碎、耕地功能下降、水资源缺乏等生态问题,也加大了绿洲城市发展与生态保护之间的矛盾。

表 8-9　研究区自然趋势情景下土地荒漠化变化

		重度荒漠化	中度荒漠化	轻度荒漠化	非荒漠化
2016 年实际面积 /km²		3457.70	1721.02	2659.27	2408.23
2026 年预测面积 /km²	自然趋势情景	3488.19	1707.62	2813.43	2264.67
	保护趋势情景	3436.56	1678.76	1989.73	3168.85
	不保护趋势情景	3570.62	2316.47	2804.68	1582.14
2016—2026 年土地荒漠化变化动态度/(%)	自然趋势情景	0.88	−0.78	5.80	−5.96
	保护趋势情景	−0.61	−2.46	−25.18	31.58
	不保护趋势情景	3.27	34.60	5.47	−34.30

保护趋势情景下,荒漠化扩张速度受到一定程度的控制。非荒漠化面积由预测初期的 2408.237 km² 增加到 3168.857 km²,其他类型的荒漠化面积均降低,特别是轻度荒漠化变化较为明显;其次是中度荒漠化,分别由原来的 2659.277 km²、1721.027 km² 减少到 1989.737 km²、1678.767 km²;虽然重度荒漠化土地变化较

小,但与自然趋势情景相比有所减弱,依然体现了保护的效果。

不保护趋势情景下,由于减少对中度荒漠化、轻度荒漠化和非荒漠化土地的保护力度,使得荒漠化土地大肆扩张,同期各类土地荒漠化变化幅度明显加大。其中,中度荒漠化以 34.6% 的动态变化度得以扩大。通过对比分析发现,重度荒漠化、中度荒漠化和轻度荒漠化面积分别增加了 112.927 km²、595.457 km²、145.417 km²。非荒漠化土地类型则以 -34.30% 的动态变化度在不断缩减。与保护趋势情景相比,除非荒漠化类型外,其各类荒漠化土地分别以 3.27%、34.6% 和 5.47% 的动态变化度逆向转变,说明生态保护措施具有显著的调控结果。

第二节 土地利用空间冲突预测

一、FLUS 模型构建

学者在传统元胞自动机(Cellular Automata,CA)的基础原理上对相关模型加以改进(王旭等,2020),并在充分考虑人文因素与自然因素对土地利用的影响下,对模拟土地利用变化和土地利用情景的 FLUS 模型进行了研究,研发出 GeoSOS-Flus 软件。GeoSOS-Flus 软件作为地理空间模拟、参与空间优化和辅助决策制定的有效工具,能在土地利用变化和未来土地情景的预测中有较好地运用效果。FLUS 模型模拟过程包括:基于神经网络的适宜性概率计算和基于自适应惯性机制的元胞自动机两个模块。

软件在运行 FLUS 模型的模块进行模拟预测前,先采用马尔柯夫链(Markov Chain)预测模拟年份各土地利用类型的像元总量,并作为预测像元数量目标,以备后需模拟预测。再采用 FLUS 模型中神经网络算法(ANN),选择一期土地利用类型分布数据作为模拟预测初始数据,并充分考虑人文因素和自然因素的影响。为减少出现误差传递的情况,运用均匀采样的方式,获取每个地类的适宜性概率。最后,软件在 FLUS 模型基于轮盘赌选择的自适应惯性竞争机制运行下,进行土地利用变化过程的模拟。

本研究以精河县 1990—2020 年四期土地利用分类数据作为基础,运用
GeoSOS-Flus 软件的两个模块,模拟精河县 2010 年与 2020 年土地利用格局,用以
验证模型模拟结果的精度及模拟的可行性。

(一)未来目标像元总量的预测

本研究以精河县 1990 年土地利用数据作为初始年份数据,采用马尔柯夫链
(Markov Chain)(张经度等,2020)预测 2000 年、2010 年、2020 年、2030 年精河县
各类土地利用的目标像元数量。

$$S_{(t+1)} = \boldsymbol{P}_{mn} \times S_t \tag{8-12}$$

式中,$S_{(t+1)}$ 表示预测时刻的土地利用像元数量;S_t 表示初始时刻土地利用像元数
量;$\boldsymbol{P}_{mn}$ 表示土地利用类型 m 向土地利用类型 n 转换的概率矩阵。

(二)土地利用变化驱动因子的确定

本研究参考王旭等(2020)、王保盛等(2019)的研究成果,并结合研究区土地利用
变化实际情况,选取坡度、接近河流欧氏距离、年平均降水量和年平均气温 4 个自然
因子;和道路欧氏距离、人口总量和 GDP 3 个人文因子,通过 ANN 计算各土地利用
类型在像元上出现的概率。考虑到模型运行的可操作性,统一对输入的数据进行重
新采样,将分辨率由 30 m 降为 100 m,并以 100 m×100 m 的大小作为模型模拟的元
胞大小。各因子的获取及处理方法见表 8-10,各因子空间分布见图 8-18。

表 8-10 土地利用变化驱动因子数据信息

数据类型	数据名称	数据获取及处理
自然因子	坡度	对研究区 DEM 数据进行坡度提取获得
	接近河流欧氏距离	对研究区 DEM 数据进行水文提取获取水系图层,再进行欧氏距离计算
	年平均降水量 年平均气温	基于精河、阿拉山口、托里、温泉、托托 5 个气象站点数据,通过空间插值获取二者的空间化栅格数据

续表

数据类型	数据名称	数据获取及处理
人文因子	接近道路欧氏距离	基于国道、高速、省道、铁路的矢量数据进行欧氏距离计算
	人口总数量	基于各研究区行政范围内各乡镇统计数据,通过空间插值获取二者的空间化栅格数据
	GDP	基于统计年鉴

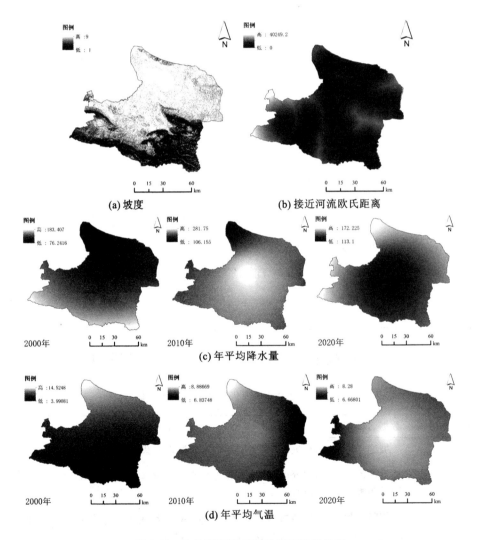

(a) 坡度 　　(b) 接近河流欧氏距离

2000年　　2010年　　2020年
(c) 年平均降水量

2000年　　2010年　　2020年
(d) 年平均气温

图 8-18　土地利用变化驱动因子空间分布

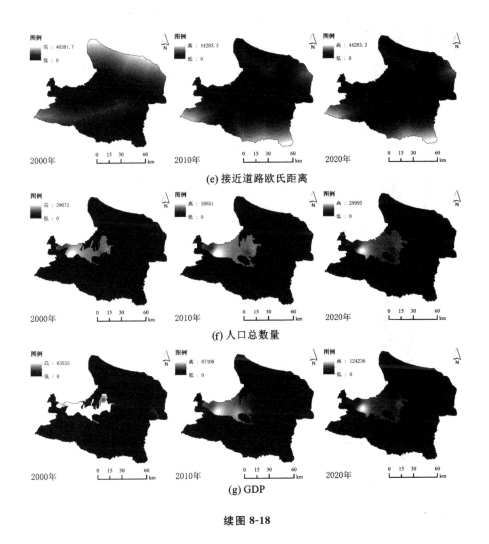

(e) 接近道路欧氏距离

(f) 人口总数量

(g) GDP

续图 8-18

（三）情景设置及转换规则

综合研究区目前的资源、环境条件和社会经济技术因素对土地利用设置 3 种情景进行 2030 年的模拟预测(表 8-11)。

自然发展情景:结合研究区实际情况和土地利用发展状况,对所有土地利用类型不设转化限制进行预测。

基本保护发展情景:在自然发展情景的基础上,适当控制城市用地发展速度,即限制其他地类转换为建设用地,其他土地利用类型之间可相互转换。

生态保护发展情景:参考《精河县土地利用总体规划(2010—2020年)》确定的自然保护区、水源保护区和永久基本农田,将具有重要生态保护作用的林地、草地设定为不可转出区域,但可彼此互转;水体设定为不可转出区域。

表 8-11　情景模拟转换成本矩阵

2018年	自然发展情景(2030年)						基本保护情景(2030年)						生态保护情景(2030年)					
	草地	建设用地	耕地	林地	水体	未利用地	草地	建设用地	耕地	林地	水体	未利用地	草地	建设用地	耕地	林地	水体	未利用地
草地	1	1	1	1	1	1	1	1	1	1	1	1	1	0	0	1	1	0
建设用地	1	1	1	1	1	1	0	1	0	0	0	0	0	1	1	0	0	0
耕地	1	1	1	1	1	1	1	1	1	1	1	1	0	0	1	0	0	0
林地	1	1	1	1	1	1	1	1	1	1	1	1	0	0	1	1	0	0
水体	1	1	1	1	1	1	1	1	1	1	1	1	0	0	0	0	1	0
未利用地	1	1	1	1	1	1	1	1	1	1	1	1	1	1	1	1	1	1

注:"0"代表受限,"1"代表不受限。

(四)模型精度验证

为验证 FLUS 模型对精河县土地利用模拟预测的适用性,选取 1990 年、2000 年、2010 年、2020 年四期土地利用现状数据,以 10 年为步长,分别将 1990 年、2000 年、2010 年作为土地利用初始数据,用 GeoSOS-FLUS 软件自带的 Markov 模型,预测研究区 2000 年、2010 年、2020 年各土地利用类型的像元数量,并以此作为基础,运行软件中基于神经网络的适宜性概率计算和基于自适应惯性机制的元胞自动机两个模块,各模块中参数设置如下。

(1)基于神经网络的适宜性概率计算:输入初始土地利用数据后,采用均匀采样模式,选取研究区范围内像元总数的 20% 作为研究样本;神经网络隐藏数量设置为 12;考虑到研究区的空间尺度,选取单精度作为概率数据的输出类型,导入所选取的 7 个驱动因子,计算各土地利用类型在每个像元的出现概率。

(2) 基于自适应惯性机制的元胞自动机模拟:首先,依次输入初始土地利用数据和已经计算好的适宜性概率数据;其次,在软件自动统计初始土地利用数据像元数的基础上,输入 Markov 模型预测的未来各土地利用类型的像元数量,作为土地利用类型变化的数量目标;以上述历史发展趋势情景的转换成本矩阵作为限制土地利用变化的约束性条件;参考胡蒙蒙(2017)的研究,将耕地、林地、草地、水域、未利用地、建设用地的邻域因子分别赋值为 0.65、0.55、0.65、0.80、0.55、0.90;最后依照 GeoSOS-FLUS 软件默认选择,将邻域大小设定为 3 m×3 m,加速因子设定为 0.1,计算线程数设定为 8,迭代 300 次,进行未来土地利用变化模拟预测。

在模拟结果中,按 10% 进行随机采样,计算 Kappa 系数及整体精度。结果显示,2000 年、2010 年、2020 年的 Kappa 系数分别为 0.893、0.769、0.859,整体精度分别为 0.932、0.893、0.911,模型模拟的精度总体在 80% 以上,表明模拟预测的土地利用结果与土地利用现状较一致,FLUS 模型在研究区的土地利用变化模拟中具有较好的适用性(图 8-19)。

二、精河县土地利用空间格局模拟

按照上述参数设置,以 2020 年土地利用数据为初始数据,以 10 年为步长,分别模拟预测自然发展情景、基本保护发展情景、生态保护发展情景下的精河县 2030 年土地利用情况,模拟结果见图 8-20。

自然发展情景和基本保护发展情景对比 2020 年土地利用现状发现,各地类变化情况较相似,均变化明显,其中林地呈现无序扩张趋势,在精河南部山区出现了较为突出的团块状分布现象,建设用地、草地、耕地整体由 2020 年分布的边缘

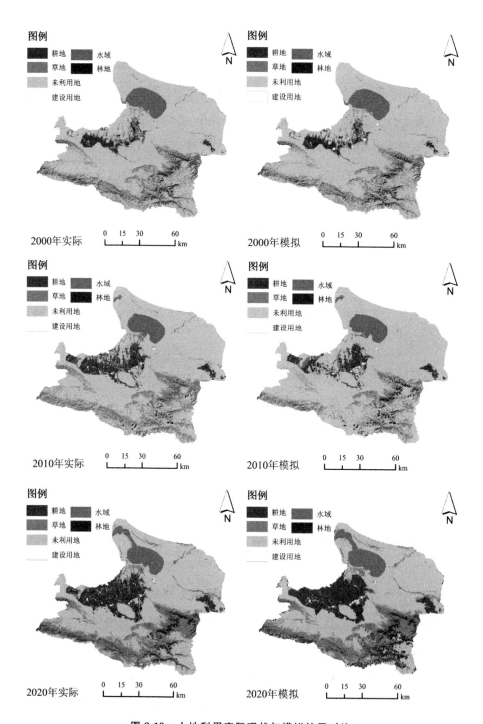

图8-19 土地利用实际现状与模拟结果对比

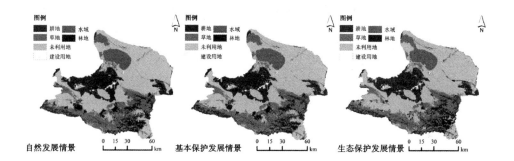

图 8-20 精河县 2030 年土地利用格局情景模拟

地区向外扩张,分布面积明显增多,艾比湖湖区与其西北部湖盆出现断流现象。未利用地因向其他地类转移,呈现出大面积的萎缩。

生态保护发展情景相较于 2020 年,除未利用地呈现出大面积的萎缩趋势外,其余各土地利用类型均呈现出由 2020 年分布的边缘地区向外扩张的趋势。相比于自然发展情景和基本保护发展情景,林地的无序扩张大幅度减少,并主要是沿山脉走向扩张。

总体上看,2020—2030 年各土地利用类型面积呈"五升一降"的变化趋势(表8-12)。具体表现为:未利用地面积呈减少趋势,自然发展情景面积减少最多;林地、草地、耕地、水域面积呈增加趋势,林地面积增长最多,草地面积增长最少,其他土地利用类型面积增长从多到少依次为建设用地>水域>耕地。对比 3 种情景,草地、水域、建设用地分布面积相差较小,其他土地利用分类面积均出现较大的偏差。其中,生态保护发展情景的耕地、未利用地面积最少,耕地比自然发展情景和基本保护发展情景分别少 4082.58 hm^2、3986.10 hm^2,未利用地比自然发展情景和基本保护发展情景分别少 3976.38 hm^2、2265.84 hm^2;基本保护发展情景的林地面积最少,分别比自然发展情景和生态保护发展情景少 1903.50 hm^2、1876.32 hm^2。

表 8-12　2020—2030 年各土地利用类型面积统计　　　　（单位:hm²)

年份	情景类别	耕地	草地	林地	水域	未利用地	建设用地
2020		125386.40	213039.50	49595.36	60394.63	669936.90	5283.71
2030	自然发展情景	153896.20	229933.40	111873.00	74439.54	545338.80	8154.90
	基本保护发展情景	153992.70	230033.20	109969.50	74434.14	547049.30	8157.06
	生态保护发展情景	149910.10	229973.20	111845.80	74431.17	549315.20	8160.39

三、精河县三生空间冲突格局模拟

由于三生空间的划分是在景观土地利用分类的基础上,按照土地利用主导功能的进一步划分,所以以上述 3 种情景下的 2030 年土地利用格局为基础,依照三生空间划分标准,对 2030 年 3 种情景下的土地利用数据进行重分类,得到 2030 年3 种情景下的三生空间分布格局(图 8-21)。3 种情景相较于 2020 年,生活生产空间、生产生态空间、生态生产空间面积扩张分别在 21%、8%、58%左右,生态空间面积萎缩 23%左右。

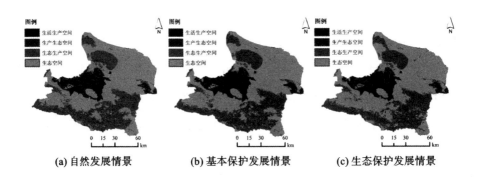

(a) 自然发展情景　　　　(b) 基本保护发展情景　　　　(c) 生态保护发展情景

图 8-21　精河县情景模拟下三生空间分布格局

总体上看,2020—2030年各空间面积变化呈"三升一降"的变化趋势(表8-13)。其中生态空间大幅度萎缩,其余三个空间面积的增长量,依次为生态生产空间＞生产生态空间＞生活生产空间。基本保护发展情景相比于自然发展情景,在限制适度建设用地扩张的情形下,生态空间增加1710.54 hm²。生态生产空间出现萎缩,萎缩面积达1813.41 hm²,萎缩部分转换为生态空间。生态保护发展情景,在限制林草地、水域转换的情形下,出现生产生态空间补充生态生产空间及生态空间的现象,被补充空间面积相较于基本保护发展情景分别增加1813.41 hm²、2265.84 hm²。

表8-13　2020—2030年各空间类型面积统计　　　　　（单位:hm²）

年份	情景类别	生活生产空间	生产生态空间	生态生产空间	生态空间
2020		5278.66	125315.90	109822.80	883218.70
	自然发展情景	8154.90	153896.20	416246.00	545338.80
2030	基本保护发展情景	8157.06	153992.70	414436.80	547049.30
	生态保护发展情景	8160.39	149910.10	416250.20	549315.20

四、精河县三生空间冲突特征分析

通过测算情景模拟下三生空间冲突综合指数,得到3种情景下三生空间冲突布局(图8-22),结合2030年三生空间综合指数(表8-14)可以得到以下分析。

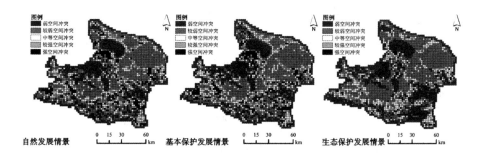

图8-22　情景模拟下精河县三生空间冲突布局

表 8-14　情景模拟下精河县 2030 年三生空间冲突综合指数表

冲突类型	冲突指数	冲突空间单元数量				冲突单元占比/（%）			
		2020 年	自然发展情景	基本保护发展情景	生态保护发展情景	2020 年	自然发展情景	基本保护发展情景	生态保护发展情景
弱空间冲突	0~0.60	643	858	872	1042	21.41	28.57	29.04	34.70
较弱空间冲突	0.61~0.66	930	1114	1097	1227	30.97	37.10	36.53	40.86
中等空间冲突	0.67~0.72	786	461	483	466	26.17	15.35	16.08	15.52
较强空间冲突	0.73~0.78	423	343	325	205	14.09	11.42	10.82	6.83
强空间冲突	0.79~1	221	227	226	63	7.36	7.56	7.53	2.10
合计		3003	3003	3003	3003	100	100	100	100
平均冲突指数		0.645	0.677	0.654	0.645				

在自然发展情景下,三生空间冲突水平由较弱空间冲突水平转变为中等空间冲突水平,但中等及以上空间冲突所占单元数量由 1430 个减少至 1031 个,故推测中等及以上冲突空间单元中的数值在冲突类型指数范围内有所增长。从每个冲突类型来看,强空间冲突、较弱空间冲突、弱空间冲突呈现不同程度的扩张,分别比 2020 年增加 0.20%、6.13%、7.16%。中等空间冲突和较强空间冲突相较于 2020 年分别缩减 10.82%、2.67%。整体呈现出中等及以上空间冲突在空间布局上趋于破碎化,较弱及以下空间冲突趋向于集中化发展的趋势。

在基本保护发展情景下,三生空间冲突保持在较弱空间冲突水平,不同空间冲突等级的发展趋势和自然发展情景相同。其中,强空间冲突、较弱空间冲突、弱空间冲突呈现不同程度的扩张,分别比 2020 年增加 0.17%、5.56%、7.63%。中等空间冲突和较强空间冲突相较于 2020 年分别缩减 10.09%、3.27%。整体上,弱及较弱空间冲突分布更加集中,较强空间冲突分布更加破碎。

在生态保护发展情景下,三生空间冲突指数均值保持在 0.645,保持较弱空间冲突水平。其中较弱及以下空间冲突呈现出大面积扩张趋势,在空间上呈面状集

中化分布,扩张的单元数量超 9.89％;中等及以上空间冲突较 2020 年在 5.26％～
10.65％范围内存在不同程度的缩减。整体上,较弱及以下空间冲突呈现集中分
布趋势,中等及以上空间冲突所占空间单元数量仅占总单元数量 24.45％,空间分
布破碎。

第三节　空间冲突变化时空分异的关键因素分析

驱动力是影响土地利用冲突发生的诱因,也是直接导致土地利用变化的主要
因素(胡尔西别克·孜依纳力,2018)。在精河县土地利用冲突的研究中,对土地
利用变化速率及动因的研究,是识别土地利用冲突变化规律,预测土地潜在冲突
和生态环境健康发展的重要基础。

一、土地利用与空间冲突的相关分析

为探究土地利用与空间冲突的关系,本研究在计算土地利用程度的基础上,
进行其与空间冲突的双变量自相关分析。

在土地利用程度的表达中,参考张军峰等(2018)、唐宏等(2012)对土地利用
程度的研究方法,将不同类型的土地利用程度参数设置为:未利用地赋值 1,林地、
草地和水域赋值 2,耕地赋值 3,建设用地赋值 4,以 2 km×2 km 的格网为评价单
元,计算精河县 1990 年、2000 年、2020 年、2021 年 4 期数据的土地利用程度指数。
图 8-23 显示,精河县高土地利用程度主要以耕地为主,并在 1990—2020 年间随耕
地面积的不断扩张而提升;林地、草地和艾比湖湖区主要以中利用程度和中高利
用程度为主,未利用地与精河县行政区划边界范围土地利用程度呈现出中低和低
利用程度。

选用精河县 1990—2020 年 4 期空间冲突指数与土地利用程度指数,以 2 km×
2 km 的格网为评价单元,用 Geoda 绘制双变量局部空间自相关 LISA 聚集图

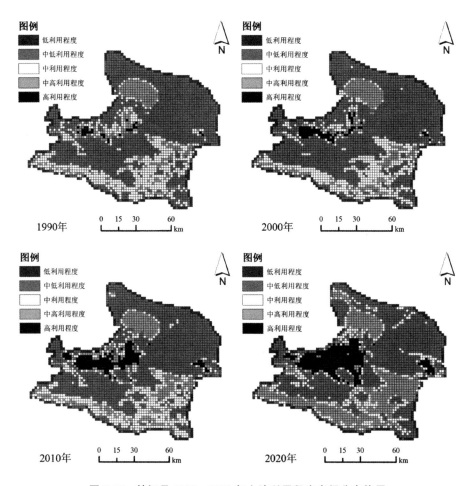

图 8-23　精河县 1990—2020 年土地利用程度空间分布格局

(图 8-24)。结果表明,呈空间正向相关的高-高(高空间冲突-高土地利用)区域,主要包括耕地与建设用地交错分布区域、南部及东南部山区的林地与草地相间地带,且分布面积在 1990—2020 年间逐渐缩小;在行政区划边缘地区,土地利用程度与空间冲突指数值均较低,呈现出低-低的空间正相关关系;表现为空间分布负相关的高-低分布范围极少,零星分散在南部山区边缘地区,低-高区域主要以条带状形态分布在山区北部山麓。

《精河县土地利用总体规划(2010—2020 年)》(以下简称《规划》)中指出,为缓

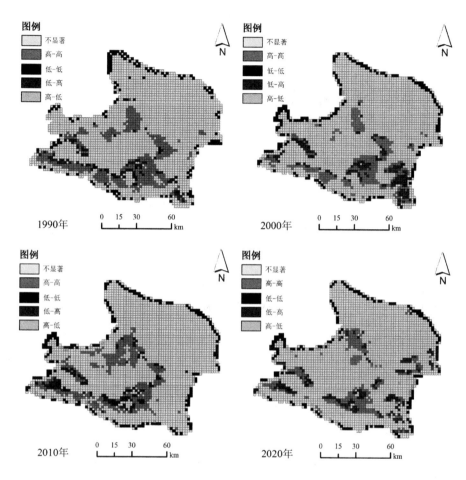

图 8-24　精河县 1990—2020 年空间冲突与生态风险的双变量 LISA 聚集图

解城市化发展与耕地保护的矛盾,要尽可能保证城市建设发展空间,对基本农田的布局进行优化调整。例如禁止在生态保护区及永久基本农田示范区进行建设,在基本农田、河流、道路周边实施建设限制,这使得县域内基本农田面积得到了保证,在无其他土地利用方式的干扰下,耕地所属的空间冲突值呈现减少趋势,而高-高区域分布开始萎缩,并更多出现于耕地与建设用地的交错地带。《规划》中强调要对研究区生态保护红线核心区实施严格管控,以提高耕地、林地、草地、水域等具有重要生态意义用地的面积比重,这使得南部山区虽然土地利用程度在 1990—2020 年间有所提高,但在加强生态保护的作用下,发生空间冲突的强度在逐渐减弱,最终促使南部山区高空间冲突-高土地利用程度的区域分布范围缩小,至2020年主要集中分布在南部山区山麓北部。

二、自然因素影响分析

(一)气温降水因素

气温降水的变化直接反映了研究区的干湿条件,并影响精河县河流和湖泊的增减变化,从而间接影响到区域生态系统的稳定。由图8-25可以看出,1990—2018年间精河县年平均气温呈上升趋势。气温的升高可能会导致研究区环境趋于干旱,进而导致该区域不同土地利用类型的变化。

由图8-26可以看出,1990—2018年间精河县年平均降水量呈上升趋势。20世纪90年代精河县平均降水量为104.18 mm,到21世纪初期平均降水量上升到122.18 mm。降水的变化则直接反映精河县的水文状况,影响着研究区内河流的形成和地域分布,从而决定土地利用类型及冲突空间的分布。

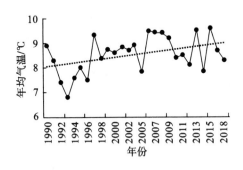

图8-25　研究区年平均气温变化

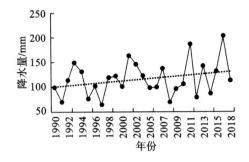

图8-26　研究区年平均降水量的变化

(二)水文因素

以2018年土地利用冲突指数为基础,在不同冲突类型中各随机选取50个样点,利用选取出来的样点与接近河流欧氏距离进行相关性分析。结果显示,土地利用冲突与接近河流欧氏距离的 $R^2=0.7816$,具有一般相关性(图 8-27、图 8-28)。

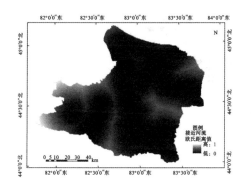

图 8-27　接近河流的欧氏距离

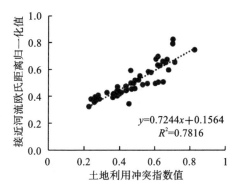

图 8-28　土地利用冲突与接近河流欧氏距离的关系

（三）坡度因素

以 DEM 作为基础数据(图 8-29),对研究区坡度信息进行提取(图 8-30),并利用选取出来的 50 个样点与其进行相关性分析。结果显示,在不考虑人为因素影响下,海拔高程越大的区域,土地利用冲突指数值越大,且 $R^2=0.8766$,具有高度相关性(图 8-31)。

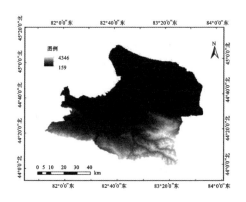

图 8-29　研究区 DEM

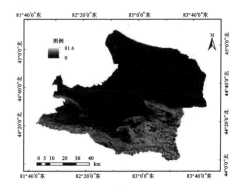

图 8-30　研究区坡度

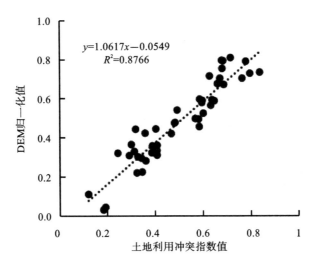

图 8-31 土地利用冲突与 DEM 的关系

三、人文因素影响分析

(一)人口因素

社会经济因素中,人口是绿洲最基本的因素,其中不断增长的人口数量和日益发展的社会经济水平使人类对生态环境的利用程度要求日益剧增。对于生态系统脆弱的精河县而言,环境自我修复能力较差,一旦遭到破坏,就很难再恢复到原有状态,因而加速了土地利用冲突的产生。人口数量的增加是造成土地退化的直接原因,其过程包括不合理的灌溉方式、过度开垦、放牧和采矿等。研究区的人口在 1990—2020 年间呈现出快速增长的趋势,从 1990 年的 10.06 万人增加到 2018 年的 14.33 万人,达到近 1.4 倍(图 8-32)。

对 2018 年人口数值归一化处理后制图(图 8-33),并在人类活动较为频繁的平原绿洲区随机选取 30 个不同土地利用冲突样点,对二者进行相关性分析(图 8-34)。结果显示,平原绿洲区土地利用冲突指数与人口呈现出明显正相关性,$R^2 = 0.7511$。

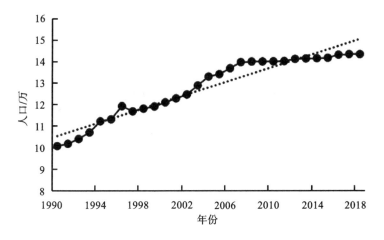

图 8-32　研究区人口变化

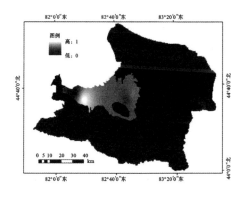

图 8-33　精河县 2018 年归一化人口分布

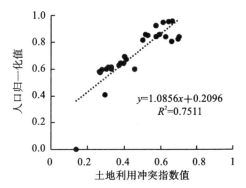

图 8-34　土地利用冲突与人口数量的关系

（二）社会经济因素

随着经济的发展,精河流域地区生产总值从 1990 年的 20767 万元增长到 2018 年的 809867 万元,提升了近 38 倍(图 8-35)。在经济快速发展背景下,第一产业在地区生产总值中的占比有所下降,分别从 1990 年的 64.7％、2000 年的 48.7％下降到 2018 年的 31.8％;第二产业先下降再上升,即先从 1990 年的 16.9％下降到 2000 年的 13.1％,后又上升到 2018 年的 31.1％;第三产业从 1990 年的 18.3％增加到 2018 年的 37.1％(图 8-36)。

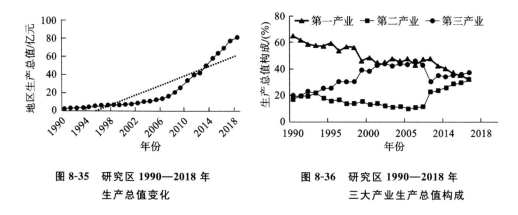

图 8-35 研究区 1990—2018 年
生产总值变化

图 8-36 研究区 1990—2018 年
三大产业生产总值构成

综上,研究区平原绿洲范围内和南部山地风险源强度高,未利用地中心以及远离乡镇地区风险源强度低。土地利用脆弱度高的区域风险受体暴露度高,主要集中在中心城区周边乡镇,反映出这些区域在风险源的压力下发生潜在土地利用冲突风险的可能性更大。土地利用稳定度低的区域风险效应强,在土地利用冲突风险发生时,风险受体可能受到的影响较大,而风险受体对当前风险源强度高、响应强的区域集中在中心城区周边乡镇。

随着生产生活空间的扩张以及第三产业的发展,研究区耕地、建设用地面积不断增加,但从 2002 年精河县启动退耕还林、退牧还草工程起,其草地、林地得以恢复。《精河县土地利用总体规划(2010—2020 年)》强调对生态保护红线核心区要实施严格管控,以提高耕地、林地、草地、水域等具有重要生态意义用地面积的比重,以更好地改善、调节县域内生态环境,这使得虽然南部山区土地利用程度在28 年间大幅度提高,但在加强生态保护的作用下,空间冲突的强度在逐渐减弱,生态环境有好转趋势。

参 考 文 献

[1] Turner B L, Skole D, Sanderson S, et al. Land-use and land-cover change: science/research plan [C] // IGBP Report No. 35 & IHDP. Stockholm: IGBP, 1995(7): 52-60.

[2] 彭越. 宁安市土地利用变化及其对生态系统服务价值的影响研究[D]. 哈尔滨: 东北农业大学, 2014.

[3] 张同升, 甘国辉. 土地利用变化的研究理论评述[J]. 中国土地科学, 2005, 19(3): 33-37.

[4] 张宏元, 杨德刚, 石吉金, 等. 乌鲁木齐市土地利用变化及其驱动因素分析[J]. 干旱区资源与环境, 2007(8): 98-102.

[5] 童小容, 杨庆媛, 毕国华. 重庆市 2000～2015 年土地利用变化时空特征分析[J]. 长江流域资源与环境, 2018, 27(11): 89-103.

[6] 胡莹洁, 孔祥斌, 张宝东. 30 年来北京市土地利用时空变化特征[J]. 中国农业大学学报, 2018, 23(11): 7-20.

[7] 熊晓轶, 许月明. 土地利用变化和经济效应的线性耦合和典型相关分析[J]. 统计与决策, 2018, 502(10): 106-109.

[8] 常小燕, 李新举, 刁海亭. 矿区土地利用时空变化及重心转移分析[J]. 内蒙古农业大学学报(自然科学版), 2021, 42(2): 41-48.

[9] 姜朋辉, 赵锐锋, 赵海莉, 等. 1975 年以来黑河中游地区土地利用/覆被变化时空演变[J]. 生态与农村环境学报, 2012, 28(5): 473-479.

[10] 李小雁, 许何也, 马育军, 等. 青海湖流域土地利用/覆被变化研究[J]. 自然资源学报, 2008(2): 285-296.

[11] Adams W M, Brockington D, Dyson J, et al. Managing tragedies: understanding conflict over common pool resources[J]. Science,2003,302 (5652):1915-1916.

[12] 王埼,杜永怡,席酉民. 组织冲突研究回顾与展望[J]. 预测,2004(3):74-80.

[13] Ishiyama N. Environmental justice and American Indian tribal sovereignty: case study of a land-use conflict in Skull Vally,Utah[J]. Antipode,2003, 35(1):119-139.

[14] Young J, Watt A, Nowicki P, et al. Towards sustainable land use: identifying and managing the conflicts between human activities and biodiversity conservation in Europe. Biodiversity and Conservation,2005, 14(7):1641-1661.

[15] Mann C,Jeanneaux P. Two approaches for understanding land-use conflict to improve rural planning and management. Journal of Rural and Community Development,2009,4 (1):118-141.

[16] Klopatek J M, Olson R J, Emerson C J, et al. Land-use conflicts with natural vegetation in the United States[J]. Environmental Conservation, 1979,6(3):191-199.

[17] Nantel P,Bouchard A,Brouillet L. Selection of areas for protecting rare plants with integration of land use conflicts: a case study for the west coast of Newfoundland,Canada[J]. Biological Conservation,1998,84(3): 223-234.

[18] Arlete Silva de Almeida,Ima CéliaGuimarães Vieira. Land use conflicts in the São Bartolomeu Watershed in Viçosa,Brazil[J]. Floresta e Ambiente, 2013,20(3):281-295.

[19] Valle Junior R F, Varandas S G P, Sanches Fernandes L F, et al. Groundwater quality in rural watersheds with environmental land use conflicts[J]. Science of the Total Environment,2014(493):812-827.

[20] Faucett D. Smart land use analysis: the land use conflict identification strategy model™ of Christian Country, Missouri [J]. Journal of the American Planning Association,2008,62(3):296-312.

[21] Brown G, Raymond C M. Methods for identifying land use conflict potential using participatory mapping[J]. Landscape and Urban Planning, 2014(122):196-208.

[22] Tudor C A, Iojă I C, Pătru-Stupariu I, et al. How successful is the resolution of land-use conflicts? A comparison of cases from Switzerland and Romania[J]. Applied Geography,2014(47):125-136.

[23] Adam Y O, Jurgen P. Darr D. Land use conflicts in central Sudan: perception and local coping mechanisms[J]. Land Use Policy,2015(42):1-16.

[24] 王正兴.试论交互式土地利用规划[J].资源科学,1998,20(5):76-80.

[25] 于伯华,吕昌河.土地利用冲突分析:概念与方法[J].地理科学进展,2006,25(3):106-115.

[26] 储胜金,许刚.浙北山区土地利用与生态保护的冲突与协调机制研究——以天目山自然保护区为例[J].长江流域资源与环境,2004,13(1):24-29.

[27] 马学广.城市空间的社会生产与土地利用冲突研究——以广州市海珠区为例[D].广州:中山大学,2008.

[28] 王爱民,马学广,闫小培.基于行动者网络的土地利用冲突及其治理机制研究——以广州市海珠区果林保护区为例[J].地理科学,2010,30(1):80-85.

[29] 杨永芳,安乾,朱连奇.基于 PSR 模型的农区土地利用冲突强度的诊断[J].地理科学进展,2012,31(3):1552-1560.

[30] 肖华斌,袁奇峰,宋凤.城市风景区土地利用冲突演变过程及形成机制研究——以西樵山风景名胜区为例[J].中国园林,2013(10):117-120.

[31] 刘巧芹,赵华甫,吴克宁,等.基于用地竞争力的潜在土地利用冲突识别研究——以北京大兴区为例[J].资源环境,2014,36(8):1579-1589.

[32] 陈威,刘学录.基于适宜性评价的潜在土地利用冲突诊断研究——以云南省红河县为例[J].甘肃农业大学学报,2015,50(1):123-133.

[33] 徐宗明.基于利益相关者理论的土地利用冲突管理研究[D].杭州:浙江大学,2011.

[34] 郑刘平.潜在土地利用冲突判别及其在基本农田划定中的应用研究[D].沈阳:沈阳农业大学,2012.

[35] 杨永芳,刘玉振,朱连奇.土地利用冲突权衡的理论与方法[J].地域研究与开发,2012,31(5):171-176.

[36] 阮松涛,吴克宁.城镇化进程中土地利用冲突及其缓解机制研究——基于非合作博弈的视角[J].中国人口·资源与环境,2013(11):388-392.

[37] 蒙吉军,江颂,拉巴卓玛,等.基于景观格局的黑河中游土地利用冲突时空分析[J].地理科学,2020,40(9):1553-1562.

[38] 谭术魁.中国土地冲突的概念、特征与触发因素研究[J].中国土地科学,2008,22(4):4-11.

[39] Bowen I S. The ratio of heat losses by conduction and by evaporation from any water surface[J]. Physics Review,1926,27(6):779-789.

[40] Thornthwaite C W, Holzman B. The determination of evaporation from land and water surfaces[J]. Monthly Weather Review,1939(67):4-11.

[41] Penman H L. Natural evaporation from open water, bare soil land and grass[J]. Proceedings of the Royal Society of London (Series A),1948(193):120-146.

[42] Monteith J L. Evaporation and environment[J]. Symposia of the Society for Experimental Biology,1965(19):205-234.

[43] Allen R G,Pereira L S,Raes D,et al. Crop evapotranspiratin guidelines for computing crop water requirements [M]. Rome: FAO Irrigation and Drainage Paper,1998:38-56.

[44] Priestley C H B,Taylor R J. On the assessment of surface heat flux and

evapora-tion using large-scale parameters[J]. Monthly Weather Review, 1972,100(2):81-92.

[45] Shuttleworth W J,Wallace J S. Evaporation from sparse crops-an energy combination theory[J]. Quarterly Journal of the Royal Meteorological Society,1985,111(469):839-855.

[46] Dolman A J. A multiple-source land surface energy balance model for use in general circulation models[J]. Agricultural and Forest Meteorology, 1993,65(1-2):21-45.

[47] Choudhury B J,Monteith J L. A four-layer model for the heat budget of homogeneous land surfaces[J]. Quarterly Journal of Royal Meteorological Society,1988,114(480):373-398.

[48] Blyth E M,Harding R J. Application of aggregation model to surface heat flux from the Sahelian tiger bush [J]. Agricultural and Forest Meteorology,1995,72(3-4):213-235.

[49] Brown K W,Rosenberg N J. A resistance model to predict evapotranspiration and its application to a sugar beet field[J]. Agronomy Journal,1973,65 (3):341-347.

[50] Jackson R D, Reginato R J, Idso S B. Wheat canopy temperature: a practical tool for evaluating water requirements [J]. Water Resources research,1977,13(3):651-656.

[51] Menenti M, Lorkeers A, Vissers M. An application of thematic mapper data in Tunisia: estimation of daily amplitude in near-surface soil temperature and Discri-mination on hypersaline soils[J]. ITC Journal (Netherlands),1986(1):35-42.

[52] Menenti M, Choudhury B J. Parametrization of land surface evapotranspiration using a location-dependent potential evapotranspiration and surface temperature range[C]. In:IAHS conference on land surface

processes,1993:561-568.

[53] Bastiaanssen,W G M,Pelgrum H,Wang J,et al. A remote sensing surface energy balance algorithm for land (SEBAL)-1. Formulation[J]. Journal of Hydrology,1998:213-229.

[54] Roerink G J,Su Z,Menenti M. A simple remote sensing algorithm to estimate the surface energy balance[J]. Phys. Chem. Earth(B),2000,25 (2):147-157.

[55] Su Z. The surface energy balance system (SEBS) for estimation of turbulent heat fluxes[J]. Hydrology and Earth System Sciences,2002,6 (1):85-99.

[56] 陈镜明.现有遥感蒸散模式中的一个重要缺点及改进[J].科学通报,1988. 33(6):454-458.

[57] 田国良,郑柯.黄河流域典型地区遥感动态研究[M].北京:科学出版社, 1990:5-10.

[58] 谢贤群.遥感瞬时作物表面温度估算农田全天蒸散总量[J].环境遥感, 1991,6(4):253-259.

[59] 陈乾,陈添宇.用 NOAA 卫星气象资料计算复杂地形下的流域蒸散[J].地理学报,1993,48(1):61-69.

[60] 陈鸣,潘之棣.用卫星遥感热红外数据估算大面积蒸散发量[J].水科学进展,1994,5(2):126-133.

[61] 陈云浩,李晓兵,史培军.非均匀陆面条件下区域蒸散发量计算的遥感模型 [J].气象学报,2002,60(4):508-512.

[62] 庞治国,付俊娥,李纪人,等.基于能量平衡的蒸散发遥感反演模型研究 [J].水科学进展,2004,15(3):364-369.

[63] 李红军,雷玉平.SEBAL 模型及其在区域蒸散研究中的应用[J].遥感技术与应用,2005,20(3):321-325.

[64] 乔平林,张继贤,王翠华,等.区域蒸散发量的遥感模型方法研究[J].测绘

科学,2006,31(3):45-46,61.

[65] 何延波,Su Z,Jia L,等.遥感数据支持下不同地表覆盖的区域蒸散[J].应用生态学报,2007,18(2):288-296.

[66] 孙亮,孙睿,杨世琦,等.利用 MODIS 数据计算地表蒸散[J].农业工程学报,2009.25(2):23-29.

[67] 高永年,高俊峰,张万昌,等.地形效应下的区域蒸散遥感估算[J].农业工程学报,2010,26(10):218-223.

[68] 李红霞,张永强,张新华,等.遥感 Penman-Monteith 模型对区域蒸散发的估算[J].武汉大学学报(工学版),2011,44(4):457-461.

[69] 张晓玉,范亚云,热孜宛古丽·麦麦提依明,等.基于 SEBS 模型的干旱区流域蒸散发估算探究[J].干旱区地理,2018,41(3):508-517.

[70] 张永强,孔冬冬,张选泽,等.2003—2017 年植被变化对全球陆面蒸散发的影响[J].地理学报,2021,76(3):584-594.

[71] Dall'Olmo G, Karnieli A. Monitoring phonological cycles of desert ecosystems using NDVI and LST data derived from NOAA-AVHRR imagery[J]. International Joural of Remote Sensing, 2002, 23(19): 4055-4071.

[72] Jesinghaus J. Agenda 21[R]. Rio de Janeiro:UNCED,1992.

[73] Bakhit A,Ibraahim F N. Geomorphological aspects of the process of desertification in Western Sudan[J]. GeoJournal,1982,6(1):19-24.

[74] Sanders D W. Desertification processes and impact in rainfed agricultural regions[J]. Climatic Change,1986,9(1):33-42.

[75] Tanser F C,Palmer A R. The application of a remotely-sensed diversity index to monitor degradation patterns in a semi-arid,heterogeneous,South African landscape[J]. Journal of Arid Environments, 1999, 43(4): 477-484.

[76] Sandholt I, Rasmussen K, Andersen J. A simple interpretation of the

surface temperature/vegetation index space for assessment of surface moisture status [J]. Remote Sensing of Environment, 2002, 79 (2): 213-224.

[77] Hansen M C, Defries R S, Townshend J R G, et al. Towards an operational MODIS continuous field of percent tree cover algorithm: examples using AVHRR and MODIS data[J]. Remote Sensing of Environment, 2002, 83 (1-2):303-319.

[78] Ismael H. Evaluation of present-day climate-induced desertification in El-Daskhla Oasis, western desert of egypt, based on Integration of MEDALUS Method, GIS and RS techniques[J]. Present Environment and Sustainable Development, 2015, 9(2):47-72.

[79] Shalaby A, Ghar M A, Tateishi R. Desertification impact assessment in Egypt using low resolution satellite data and GIS[J]. International Journal of Environmental Studies, 2004, 61(4):375-383.

[80] Lippe E, Smidt J T D, Glenn-Lewin D C. Markov models and succession: a test from a heartland in the Netherlands[J]. Journal of Ecology, 1985, 73 (3):775-791.

[81] Turner M G. A spatial simulation model of land use change in a Piedmont County in Georgia[J]. Applied Mathematics and Computation, 1988(27): 39-51.

[82] Smith R. The application of cellular automata to the erosion of landforms [J]. Earth Surface Processes and Landforms, 1991(16):273-281.

[83] Yu J, Chen Y, Wu J P. Cellular automata and GIS based landuse suitability simulation for irrigated agriculture [J]. World IMACS / MODSIM Congress, 2009(7):3584-3590.

[84] Zhang C, McBean E A. Estimation of desertification risk from soil erosion: a case study for Gansu Province, China [J]. Stoch Environ Res Risk

Assess,2015(9):1186-1201.

[85] 朱震达.中国北方沙漠化现状及发展趋势[J].中国沙漠,1985(3):4-12.

[86] 陆兆雄,阿鲁纳斯·卡利诺斯卡斯,王丽琳.中国榆林地区现代沙漠化的卫星监测[J].中国沙漠,1985(2):13-16.

[87] 王涛,吴薇,王熙章.沙质荒漠化的遥感监测与评估——以中国北方沙质荒漠化区内的实践为例[J].第四纪研究,1998(2):108-118.

[88] 李宝林,周成虎.东北平原西部沙地沙质荒漠化的遥感监测研究[J].遥感学报,2002(2):117-122,163.

[89] 徐岚,赵弈.利用马尔柯夫过程预测东陵区土地利用格局的变化[J].应用生态学报,1993,4(3):272-277.

[90] 徐当会,王辉,张韬,等.河西走廊沙质荒漠化趋势分析及预测[J].甘肃农业大学学学报,2002(1):40-43.

[91] 崔海山,张柏,刘湘南.吉林西部土地荒漠化预测研究以吉林省镇赉县为研究区[J].中国沙漠,2004(3):235-239.

[92] 黎夏,伍少坤.面向对象的地理元胞自动机[J].中山大学学报(自然科学版),2006(3):90-94;

[93] 贾宁凤.基于AnnAGNPS模型的黄土高原小流域土壤侵蚀和养分流失定量评价[D].北京:中国农业大学,2005.

[94] 宋冬梅,吴远龙,张志诚,等.基于元胞自动机民勤绿洲湖区荒漠化演化预测[J].中国沙漠,2009(5):802-807.

[95] 宇林军,孙丹峰,彭仲仁,等.基于局部化转换规则的元胞自动机土地利用模型[J].地理研究,2013,32(4):671-682.

[96] 赵昊天.眉山市土地利用动态变化及趋势预测研究[D].成都:成都理工大学,2020.

[97] 孙丕苓.生态安全视角下的环京津贫困带土地利用冲突时空演变研究[D].北京:中国农业大学,2017.

[98] 张珊珊.基于生态安全的龙海市土地利用冲突研究[D].福州:福建农林大

学,2019.

[99] 官冬杰,陈婷,和秀娟,等.三峡库区(重庆段)土地利用空间冲突类型识别及驱动机制研究[J].重庆交通大学学报(自然科学版),2019,38(2):65-71.

[100] 张霖静.重庆市万州区土地利用空间冲突测度[J].度假旅游,2018(11):50-51.

[101] 秦坤.基于生态安全的土地利用空间冲突研究——以武汉城市圈为例[D].武汉:武汉大学,2017.

[102] 白永杰.秦州区土地利用空间冲突及优化配置研究[D].兰州:甘肃农业大学,2017.

[103] Odum E P. The strategy of ecosystem development[J]. Science,1969:203-216.

[104] 张飞,丁建丽.干旱区绿洲土地利用/覆被及景观格局变化特征——以新疆精河县为例[J].生态学,2009,29(3):1251-1262.

[105] 马学广,王爱民,闫小培.城市空间重构进程中的土地利用冲突研究——以广州市为例[J].人文地理,2010(3):72-77.

[106] 王丹,吴世新,张寿雨.新疆20世纪80年代末以来耕地与建设用地扩张分析[J].干旱区地理,2017,10(1):188-196.

[107] 段祖亮,张小雷,权晓燕.基于BP神经网络模型的新疆建设用地分析[J].中国科学院学报,2009,26(4):451-457.

[108] 王东芳,张飞,周梅,等.近23年来LUCC影响下的精河县生态环境效应定量研究[J].湖北农业科学,2016,55(14):3574-3580.

[109] 赵旭,汤峰,张蓬涛,等.基于CLUE-S模型的县域生产-生活-生态空间冲突动态模拟及特征分析[J].生态学报,2019,39(16):5897-5908.

[110] 于莉,宋安安,郑宇,等."三生用地"分类及其空间格局分析——以昌黎县为例[J].中国农业资源与区划,2017,38(2):89-96.

[111] 李路,孙桂丽,陆海燕,等.喀什绿洲土地利用空间格局变化特征分析[J].西南大学学报(自然科学版),2020,42(5):141-150.

[112] 张月.精河县不同情景下土地利用/覆盖变化(LUCC)及生态风险评价

[D].乌鲁木齐:新疆大学,2017.

[113] 范锡朋.西北内陆平原水资源开发利用引起的区域水文效应及其对环境的影响[J].地理学报,1991,46(4):415-426.

[114] 康尔泗,陈仁升,张智慧,等.内陆河流域水文过程研究的一些科学问题[J].地球科学进展,2007,22(9):940-953.

[115] 王梅,杨倩,郑江华,等.1963—2012年新疆棉花需水量时空分布特征[J].生态学报,2016,13:4122-4130.

[116] 毋兆鹏,王明霞,赵晓.精河流域1990—2011年土地荒漠化变化研究[J].干旱区资源与环境,2015,29(1):192-197.

[117] 曾永年,向南平,冯兆东,等.Albedo-NDVI特征空间及沙漠化遥感监测指数研究[J].地理科学,2006(1):75-81.

[118] 网上精河.精河县林业"十三五"发展规划[EB/OL].(2016-10-17)[2021-09-21].http://www.xjjh.gov.cn/info/1118/22828.htm.

[119] 中国林业网.新疆荒漠化和沙化状况公报.[EB/OL].(2016-10-09)[2021-09-21].http://www.forestry.gov.cn/.

[120] 丁文广,陈利珍,徐浩,等.气候变化对甘肃河西走廊地区沙漠化影响的风险评价[J].兰州大学学报(自然科学版),2016,52(6):746-755.

[121] 格丽玛,何清,冷中笑,等.新疆艾比湖流域近40年来气候变化特征分析[J].干旱区资源与环境,2007(1):54-58.

[122] 杨晓晖,张克斌,慈龙骏.中国荒漠化评价的现状、问题及其解决途径[J].中国水土保持科学,2004(1):22-28.

[123] 邢永建.基于"RS"技术的土地荒漠化动态变化及驱动因子研究[D].乌鲁木齐:新疆师范大学,2006.

[124] Costanza R,d'Arge R,Groot D R,et al. The Value of the world's ecosystem services and natural capital [J]. Ecological Economics,1998,25(1):3-15.

[125] 王旭,马伯文,李丹,等.基于FLUS模型的湖北省生态空间多情景模拟预

测[J].自然资源学报,2020,35(1):230-242.

[126] 张经度,梅志雄,吕佳慧,等.纳入空间自相关的 FLUS 模型在土地利用变化多情景模拟中的应用[J].地球信息科学学报,2020,22(3):531-542.

[127] 胡蒙蒙.半干旱生态脆弱矿区生态退化机理与重建模拟研究[D].石河子:石河子大学,2017.

[128] 胡尔西别克·孜依纳力.新疆玛纳斯湖湿地退化区景观格局时空演变研究[D].乌鲁木齐:新疆师范大学,2018.

[129] 张军峰,孟凡浩,包安明,等.新疆孔雀河流域人工绿洲近 40 年土地利用/覆被变化[J].中国沙漠,2018,38(3):664-672.

[130] 唐宏,乔旭宁,杨德刚,等.土地利用变化时空特征与区域发展关系研究——以渭干河流域为例[J].干旱地区农业研究,2012,30(3):205-213.

[131] 钱正安,宋敏红,吴统文,蔡英.世界干旱气候研究动态及进展综述(Ⅱ):主要研究进展[J].高原气象,2017,36(6):1457-1476.

[132] 李长久.沙漠化威胁人类生存和发展——各国要协力防治沙漠蔓延[J].全球化,2014(5):52-60,78.

[133] 王静等.土地资源遥感监测与评价方法[M].北京:科学出版社,2006.

[134] 谢高地,甄霖,鲁春霞,等.一个基于专家知识的生态系统服务价值化方法[J].自然资源学报,2008,23(5):911-919.

[135] 黄凤,吴世新,唐宏.基于遥感与 GIS 的心境近 18a 来 LUCC 的生态环境效应分析[J].中国沙漠,2012,32(5):1486-1493.

[136] 王旭,马伯文,李丹,等.基于 FLUS 模型的湖北省生态空间多情景模拟预测[J].自然资源学报,2020,35(01):230-242.

[137] 王保盛,廖江福,祝薇,等.基于历史情景的 FLUS 模型邻域权重设置——以闽三角城市群 2030 年土地利用模拟为例[J].生态学报,2019,39(12):4284-4298.